これだけは知っておきたい

不織布・ナノファイバー用語集

矢井田　　修
山　下　義　裕　共著

繊 維 社 企画出版

発刊に寄せて

　昨今の世界経済は，地政学的，保護主義的減速懸念もあるが，概ね堅調に推移している。人口減少を抱える海外市場頼みの日本経済も戦後最長の成長に届く勢いで，活況を呈している。

　このような情勢下，わが不織布産業は日本に誕生以来60年以上にわたり，その多種な製法や新たな用途展開により順調に成長を続けてきた。そして，今ステージは，国内から海外へとグローバルな市場展開と海外生産に向かおうとしている。まさに，そんな時期に照らしたように，本年2018年，日本で12年振りにアジア不織布協会（ANFA）が日本不織布協会（ANNA）と共催で，アジア不織布産業総合展示会・会議「ANEX 2018」を開催する運びとなった。出展数約700社，来場者約30,000人が見込まれ，12年前と比較すると総合的には2.5倍の規模になる。これは昨年の「INDEX 2017」を上回る，まさに過去最大級の不織布展示会といえる。

　そんな絶妙のタイミングで，『これだけは知っておきたい不織布・ナノファイバー用語集』が刊行された。

　著者は，不織布の権威者である日本不織布協会顧問の矢井田　修先生と，ナノファイバーの権威者である日本繊維機械学会　ナノファイバー研究会委員長の山下　義裕先生の共著によるもので，それぞれのご専門の立場から，常用用語を中心に約1,100語をピックアップし，図表も豊富に用いてわかりやすく解説している。

また，矢井田　修先生は，京都女子大学退官後，ANNA の顧問や技術委員会委員長として，各種セミナーや展示会のコーディネーターなど，長きにわたり日本の不織布産業の発展と技術革新・教育活動に貢献されてきたご経験をおもちであり，その知識とノウハウが本書の随所に散りばめられている。

　不織布は，生活用品や産業用繊維資材などの幅広い分野で使われてはいるが，繊維素材や接着剤などの原材料費の構成比が高く，コスト競争も厳しい。量産化ではなく，高品質・高付加価値・機能製品の開発や，自動車やバイオといった新しい分野へ向けた用途開発，あるいはメーカーどうしの協業による新製品・新技術開発が，これからの日本の存在感を示すうえでもますます重要となってくると考えられる。不織布業界の必携書として，本書を日常の業務や商品開発・研究開発に必要な知識を得るために活用いただき，次代の不織布産業の新しい扉を拓いていただきたい。

　2018年5月

アジア不織布協会（ANFA）名誉会長
ANEX 2018 大会委員長
金井　宏彰
（金井重要工業㈱ 代表取締役社長）

発刊に寄せて

　不織布産業は，1920年代にドイツで羊毛屑を接着剤で固めたフェルト代用品が開発されたのを皮切りに，1930年代に米国でニードルパンチ不織布が，次いでナイロンと綿を混合したウェブを合成ゴムで接着した不織布芯地が開発されるに至り，本格的な工業生産が始まった。1950年頃からは，化学繊維，特に合成繊維技術の発展とともに，紡糸直結のスパンボンド不織布を中心に，多くのメーカーが不織布の生産を行い，不織布産業は急成長した。

　一方で，不織布製造のためのウェブ形成技術や結合技術も種々開発され，ニードルパンチに続いて，サーマルボンド，ステッチボンド，さらにはスパンレースが実用化された。不織布技術と各種繊維素材との組み合わせによる積極的な新製品開発と，それぞれの特徴を活かした用途開発が広く行われ，大きく拡大した。土木・建築用資材，農業用資材，各種フィルター，医療・衛材用品，自動車内装材，バッグや包装材などの日用雑貨，さらに防護服や人工皮革といった衣料などで幅広く実用化され，今では産業や日常生活において不可欠な製品となっている。さらに，最近では，複合素材やナノファイバーなど新素材を用いた不織布の開発も行われ，新たな用途への拡大が期待される。

　不織布は，このように製造方法，使用素材，用途のいずれも極めて多岐にわたっており，用いられる用語も多様である。専門家でない者にとっては，時には不明確であったり，混乱したりする場合もある。

　このたび，不織布の発展に長年貢献してこられたばかりでなく，不織布用素材としても近年注目されているナノファイバーやセルロースナノファイバーについても造詣の深い矢井田　修先生と山下　義裕先生が，不織布およびナノファイバーに関する用語をわかりやすく，簡潔

に整理され，『これだけは知っておきたい 不織布・ナノファイバー用語集』としてまとめられた。

　矢井田先生は，長年，大阪大学および京都女子大学で，不織布をはじめ各種のテクニカル・テキスタイルに関する研究開発と指導に携わってこられ，現在でも，日本不織布協会で技術委員会委員長と環境委員会委員長として，不織布やナノファイバー，さらにはセルロースナノファイバーについて指導的な役割を担っておられる。また，山下先生は，企業勤務および滋賀県立大学工学部勤務を経て，現在は大阪成蹊短期大学でエレクトロスピニングの研究を行われており，日本繊維機械学会のナノファイバー研究会の委員長も務められている。2002年には，客員研究員として米国ドレクセル大学においてエレクトロスピニングの研究もされている。このように，両先生は幅広い知識が豊富で経験が深く，不織布やナノファイバーの用語を整理し，解説いただくには最適な先生方である。

　不織布は，工業用途，医療・衛材用途，自動車用途などを中心に，今後いっそうの拡大が期待されている。不織布に携わる方々が，必携の書として本書を手許に置き，全体を俯瞰し，整理しながら，不織布の技術の伝承とさらなる革新・発展のために貢献されることを期待する。

　　2018年5月

　　　一般社団法人 日本繊維技術士センター（JTCC）
　　　　　理事長　井　塚　淑　夫

はじめに

　不織布（nonwovens）は当初，織物や編物に比べ，衣料用途では副次的なものとして生産量も少なかった。しかし，現在ではさまざまな用途で用いられており，日本の不織布生産量も2017年度の経済産業省の統計では約34万2千㌧と過去最高になった。

　先進国においては，繊維産業における産業用繊維資材（technical textiles）の重要性が，最近，特に高まってきている。日本の繊維産業の中心は，衣料用から産業用へと確実に変化してきている。産業用繊維資材では，用途に応じた機能性とコストパフォーマンスが要求される。これに伴って，構造的・性能的およびコスト面で産業用資材に適しているとされる不織布の進展が著しく，現在では布状産業用繊維資材の約60％を不織布が占めるようになってきている。日本で製造される不織布のうち，約98％が衣料用以外の用途で用いられている。不織布はさまざまな産業用途で用いられているが，不織布の構造的特徴は独特の繊維集合体多孔構造と嵩高性であり，この構造的特徴を活かして，ろ過性，吸収性，透水性，熱遮断性，クッション性が要求される用途で用いられることが多い。各分野で共通した不織布の利用例は，フィルター（ろ過材），ワイパー（吸収材），クッション材，包装材，補強材，吸音材，断熱材，保護材などであり，特にフィルター用途は不織布の構造的特徴を最も活かせる分野であり，これからのさらなる進展が期待されている。

　不織布産業の発展には，いくつかの背景がある。最も影響が大きいのは産業用繊維資材の増加であるが，各種新素材の開発も大きな要因である。特に，ナノファイバーの進展が不織布産業におよぼす影響が大きい。最近，セルロースナノファイバー（CNF）に注目が集まっているが，この新素材の不織布への応用が望まれている。

しかし，不織布業界のさらなる進展には，越えなければならないいくつかのハードルがある。

　1つ目は，日本不織布協会に代表される不織布関連業界や学会による啓蒙をさらに強力に推し進めることである。今でこそ不織布とは「腐った布」のことか，などとはいわれないが，各種不織布それぞれの優れた特徴について熟知している消費者やユーザーは，まだまだ少数であると思われる。協会や学会を通して，不織布の長所や特徴をアピールすることにより，さらなる消費拡大や用途拡大に結び付くものと考えている。

　2つ目は，他産業分野の不織布に対するニーズを的確に把握することに，これまで以上の努力を傾注することである。ユーザーからの持ち込み提案により，新商品の開発に成功したという事例は，不織布業界において数多くある。不織布は繊維産業以外の産業分野で用いられることが多く，繊維に関する知識以外に，それら各分野での豊富な知識が必要となっている。

　3つ目は，世界繊維産業の構造変化への対応である。東南アジア諸国，特に中国経済の発展や中国繊維産業の巨大化に伴う中国からの不織布製品の輸入が急増している。特に，量産型の低価格商品の輸入が増大しており，その対応も急務である。しかし，東南アジア諸国や中国の経済発展は巨大なマーケットが誕生したことにつながると考え，競争力のある日本の技術を活かして，東アジア市場をターゲットに付加価値の高い商品を開発することが重要となる。

　4つ目は，不織布研究者の育成である。日本繊維産業の衰退の一因として，若手研究者・技術者の育成が継続的に行われなかったことが挙げられている。もちろん，企業においては若手研究者の育成が行われていたと思われるが，産官学全体としての繊維研究者の数は急激に減少している。若手研究者・技術者の減少は業界の衰退につながるので，不織布関連業界や大学・学会が一致団結して若手研究者の育成に力を入れることが肝要である。

５つ目は，不織布関連書籍や規格の整備である。日本では，不織布連合会が発足してから初めて業界がまとまり，規格の整備に取り組むことができるようになった。その後，日本不織布連合会から日本不織布協会となって，規格の整備が進められている。しかし，現在でも不織布に関する日本工業規格は４つしかなく，さらなる取り組みが必要である。また，不織布に関する書籍は非常に少なく，絶版となったものや非常に高価な書籍が多いことから，不織布関連の書籍を手に入れるのは至難の業である。

　前述のように，不織布は各種の産業用途で用いられることが多く，不織布業界は他の業界との密接な関係をますます強める必要がある。その場合に，そこで用いられる専門用語は膨大になると予想される。しかし，不織布に関する書籍，事典や用語集は今までほとんどなく，繊維全般を網羅した事典の中に不織布用語が多少記載されている程度であった。不織布業界と異業種との交流において，各分野におけるお互いの共通認識は不可欠であり，そのためには共通認識の基礎となる用語集が必要であると考えて本書を刊行した。

　現在，日本不織布産業は急速な成長拡大から「踊り場的状況」にあるといわれている。しかし，技術革新に励み，不織布の特徴を活かした研究開発や用途開発を進めることによって，この状況を打開できると確信している。そのような場合に，この用語集がお役に立つことができれば望外の幸せである。不織布に愛着をもつ私として，微力ではあるが，これからも日本不織布産業のさらなる発展に寄与したいと願っている。

　2018年５月

　　　　　　　　　　　　　　　矢井田　　修

はじめに

　今日，不織布は日常生活には不可欠な材料である。しかし，現在，不織布を学問としてきちんと教えている大学はほとんどない。われわれが不織布やナノファイバーの勉強をする時に必要となるのが事典である。本当は，不織布・ナノファイバーの事典が手元にあればベストである。しかし，事典の編纂には時間がかかる。そこで，まずは用語集を作り，少しでも学術分野と産業分野で活用したいという願いを矢井田修先生はもっておられたが，その用語集もなかなか実現することができなかった。しかし，このたびようやく『これだけは知っておきたい 不織布・ナノファイバー用語集』として，繊維社の後押しもあり完成させることができたのは大きな喜びである。

　この用語集には，1,100語あまりを収録することができた。不織布やナノファイバーの用語は専門性が強く，普通の辞書には載っていないことも多いため，この用語集が少しでも不織布に携わる人々，また学生や専門家の助けになれば幸いである。今日ではネットの普及により，わからないことがあれば「ウィキペディア」で調べることができる。それ以外にも，「Google」でキーワードを検索すれば関連する多くのサイトを調べることができる。しかし，多くの情報のすべてが正しいわけではない。ネットでは見つからない不織布・ナノファイバーの語句の正しい意味をこの用語集で理解していただければと願う次第である。

　世界最古の織物でできたドレスが，エジプトの遺跡から見つかっている。それは5000年以上前のものである。おそらく，それ以前に編物は発明されていたであろう。不織布は歴史は浅いが，織物・編物に続く第三の衣装品として欠かせない素材である。不織布の魅力は，なんといっても手間が掛からずに織物・編物に似た特性が出せることである。バッグなどは不織布製が当たり前となっている。

一方，アパレルはまだ不織布ではできていない。せい
ぜい，使い捨て防護服，下着，オムツなどである。まず
は，織物・編物の風合いと変わらない不織布ができるこ
とを夢見ている。それにはナノファイバーがきっと貢献
するに違いない。さらに，織物・編物では実現できない
性能が，不織布では可能である。それは，異方性がない
ものを作ることができる点であろう。不織布の素材でア
パレルを作り，ファッションショーをするようなデザイ
ナーが現われるかもしれない。また，身体に不織布やナ
ノファイバーを直接吹き付けたり，３Ｄプリンターの
ように積層することで，ロボットがアパレルを作ってい
く日がくるかもしれない。それと併せて，不織布が単に
ランダムな繊維のウェブをスポットで固定したものから，
より緻密で知的な構造をもつ不織布になれば，不織布＝
安い布というイメージの世界を変えたいという夢も実現
させることができる。人工皮革や合成皮革も不織布の仲
間と考えるならば，これらを究極まで薄くして，着用可
能な不織布を作り出す技術も魅力的である。
　また，ナノファイバーは繊維径が $1\,\mu m$ 以下であり，
高性能フィルターとして単体もしくは不織布と組み合わ
せて利用されている。この分野では，今後も大きな需要
が見込まれる。さらには，透湿撥水膜やセパレーターな
どがそれに続き，海水の淡水化，血液の透析などの分野
においても今後の10年で到達されることを大いに期待し
ている。また，３Ｄプリンター技術と不織布・ナノファ
イバー作製技術を融合させることで，生体細胞足場材を
はじめとした，新しい不織布構造をもつ３Ｄ体の実現
もそう遠くないと思われ，今後，不織布・ナノファイ
バー分野がますます広がりを見せる中で，この用語集が
その礎になることを願っている。

　2018年５月

　　　　　大阪成蹊短期大学　生活デザイン学科
　　　　　　　　　准教授　山下　義裕

● 著者紹介

矢井田　修
（Osamu YAIDA）

山下　義裕
（Yoshihiro YAMASHITA）

1946年	大阪府に生まれる
1974年3月	大阪大学大学院工学研究科機械工学専攻博士課程単位取得満期退学
1974年4月	大阪大学工学部機械工学科助手
1976年2月	大阪大学工学博士
1986年10月	大阪市立大学生活科学部被服学科講師
1991年4月	大阪市立大学生活科学部生活環境学科助教授
1992年4月	京都女子大学家政学部生活造形学科教授
1996年4月	京都女子大学大学院家政学研究科委員長
2005年4月	京都女子大学評議員　京都女子大学学生部長
2011年3月	京都女子大学定年退職
2011年6月	日本不織布協会顧問

● 現職
日本不織布協会（顧問，技術委員会委員長，日本適合性認定協会（JAB）製品技術委員会委員，日本繊維機械学会（フェロー，不織布研究会委員長），繊維加工技術研究会会長，大阪工研協会ニューフロンティア材料部会幹事，ジオシンセティック技術研究会理事，高知県客員研究員，愛媛大学大学院非常勤講師等

1958年	和歌山県に生まれる
1983年3月	岐阜大学工学部 繊維工学科卒
1985年3月	岐阜大学大学院工学研究科修士課程（繊維工学専攻）修了
1990年3月	京都大学大学院工学研究科博士課程高分子化学専攻単位認定退学（1994年3月博士（工学））
1990年4月	ユニチカ株式会社入社，中央研究所研究員
1995年3月	同社退職
1995年4月	滋賀県立大学工学部講師
2002年	アメリカ合衆国ドレクセル大学客員研究員としてFrank Ko 教授の下でエレクトロスピニングの研究を行う
2015年	東京大学生産技術研究所吉江尚子教授の下で研究員として自己修復材料の研究を行う
2016年3月	滋賀県立大学退職
2016年4月	大阪成蹊短期大学生活デザイン学科准教授

● 現職
日本繊維機械学会フェロー，日本繊維機械学会ナノファイバー研究会委員長，日本繊維機械学会論文編集委員，日本ゴム協会関西支部幹事

凡　例

1．配列順
   (1) A〜Z，および五十音順配列とした。
   (2) 数字名，英語名，カタカナ名，日本語名の順に
       表示した。
   (3) 長音 "ー" は配列のうえでは無視した。
   (4) 濁音，半濁音は相当する清音として，拗音，促
       音は一つの固有音として取り扱った。

2．項目名
   (1) 日本語，英語，中国語の順で表記した。
   (2) 中国語については，できる限り専門用語で表記
       するように努めたが，日本語の直訳では誤解を
       招くもの，適切な中国語が見当たらないものに
       ついては，日本語の説明を中国語に翻訳するこ
       とで代用した。

3．用　　語
   原則として学術用語集等に準じたが，一部は業界用
   語の言葉遣いも用いた。

4．図版・表
   わかりにくい用語には図表を挿入した。図面は引用
   文献の図画，写真を見やすいように加工した。

5．収録した語の範囲について
   繊維社発行の月刊「加工技術」誌，および各種繊維
   関連書籍などを中心に，不織布やナノファイバーに
   関する記述で用いられた語の中から，実用価値のあ
   る1,100語を選んだ。

A〜Z

AATCC（American Association of Textile Chemist and Colorists）
米国繊維化学・色彩研究者協会のことで，染色に関する試験法が有名。

ANEX（Asia Nonwovens Exhibition and Conference）
ANFA が主催する，3 年周期の世界的な国際不織布見本市および国際会議。

ANFA（Asia Nonwoven Fabrics Association）
アジア不織布協会のこと。

ANNA（All Nippon Nonwovens Association）
日本不織布協会のこと。

ASTM（American Standards of Test Method）
アメリカにおける試験法の工業規格。

Axial ナノ構造
（Axial nanostructure）（軸纤构造）
繊維軸方向に，高度に構造が配列した一軸対称性をもつ材料。カーボンナノチューブなどがある。

BCF（Bulked Continuous Filament）
カーペットなどに用いられるナイロンなどの加工糸。

BOD 負荷
（BOD loading）（BOD 负荷）
排水処理装置に流入する排水の 1 日当たりの総 BOD（biochemical oxygen demand：生物化学的酸素要求量）量。

A~Z

DIN（Deutshe Industrie Normen）
ドイツの工業規格。

EDANA（European Diposables and Nonwovens Association）
欧州不織布協会のこと。

EMS（Environmental Management System）
環境マネジメントシステムのこと。

ERT（EDANA Recommended Test Method）
EDANA が制定した不織布の試験方法。

FAST システム
（Fabric Assurance by Simple Testing system）
（FAST 系統）
布地の客観評価システムの1つ。オーストラリアで
開発され，KES システムと似たところが多い。

FEM シミュレーション
（FEM Simulation）（FEM 模拟）
有限要素法（FEM）を用いて，ノズル先端での液
滴と静電力の釣り合いを考慮しながら，ノズル先端
のテーラーコーン（Taylor cone）からファイバー
ができるようすを調べるための流体シミュレーショ
ンや，ノズルとターゲット間の電界シミュレーショ
ンを行うことで，エレクトロスピニングのメカニズ
ム解明の手助けとなる。

FOY（Fully Oriented Yarn）
フィラメントの製造工程で，所定の強伸度が得られ
るように延伸したフィラメント。延伸糸ともいう。

FRP（Fiber Reinforced Plastic）
繊維強化プラスチックのことで，高強度・高弾性率
繊維を補強材とした複合材料。

HEPA フィルター

(High Efficiency Particulate Air filter) (HEPA 过滤器)

高性能フィルターの1つで,極細繊維を使用している。フタル酸ジオクチル粒子を用いたDOP テストで捕集効率が99.97%以上のものをいう(ULPA フィルター 参照)。

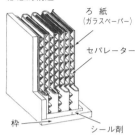

HEPA, ULPA フィルターの形態的構造

[出典:松尾達樹;加工技術,**42**(6),365(2007)]

HVI (High Volume Instrumentation)

総合的な繊維の性質を測定するシステムで,主として綿などの短繊維を対象とし測定する装置。

IDEA (International Engineered Fabrics Conference & Expo)

INDA が主催する,3年に1回の世界的な国際不織布見本市および会議。

INDA (Association of the Nonwoven Fabrics Industry)

米国不織布協会のこと。

INDEX (International Nonwovens Expo and Conference)

EDANA が主催する,3年に1回の世界的な国際不織布見本市および会議。

ISO (International Organization for Standardization)

国際標準化機構のことで,各種の国際規格を制定している。

ISTM (INDA Standard Test Method)

INDA が制定した不織布の試験方法。

A~Z

JIS (Japan Industrial Standard)

日本工業規格のことで,不織布関連では,JIS L 1085（不織布しん地試験方法）,JIS L 1913（一般不織布試験方法）,JIS L 1912（医療用不織布試験方法）,JIS L 0222（不織布用語）がある。

KES 法
(Kawabata Evaluation System)（KES 方式）

KES 法は "Kawabata Evaluation System" の頭文字を用いたもので,故川端季雄京都大学教授と丹羽雅子前奈良女子大学学長等が共同で開発した方法である。布の風合い（hand）を客観的に測定するシステムで,風合いに関する基本力学量として,引張特性,せん断特性,曲げ特性,圧縮特性,表面特性と重さ,厚さを選び,これらの値から基本風合い値を算出できる。

KES 法における基本力学特性

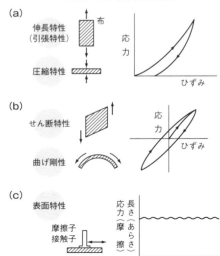

A〜Z

KES法における基本力学量の説明

特 性	項 目	特性値の内容	単 位	備 考
引張り	LT	引張り線形		値が1に近いほど弾性的である
	WT	引張り仕事量	$g \cdot cm/cm^2$	値が大きいほどよく伸びる
	RT	引張りレジリエンス	%	値が大きいほど回復性が良い
曲 げ	B	曲げ剛性	$g \cdot m/cm^2$	値が大きいほど曲げ剛い
	$2HB$	曲げヒステリシス	$g \cdot cm/cm^2$	値が大きいほど回復性が悪く、布の弾力感がない
	G	せん断剛性	$g \cdot cm/degr$	値が大きいほど剪断剛い
せん断	$2HG$	せん断角0.5度における ヒステリシス	g/cm	値が大きいほどわずかなせん断変形における回復性が悪い
	$2HG5$	せん断角5度における ヒステリシス	g/cm	値が大きいほど大きなせん断変形における回復性が悪い
圧 縮	LC	圧縮線形特性		値が1に近いほど圧縮弾性的である
	WC	圧縮仕事量	$g \cdot cm/cm^2$	値が大きいほどつぶれやすい
	RC	圧縮レジリエンス	%	値が大きいほど回復性が良い
表 面	MIU	摩擦係数		値が大きいほど布の表面がザラザラしている
	MMD	摩擦係数の平均偏差		値が大きいほどMIUの値が一定でない
	SMD	表面の凹凸のバラツキ	μ	値が大きいほど布の厚みが一定でなく場所によるバラツキが大きい

LD$_{50}$（Lethal Dose 50%）

半数致死量のことで、1回の投与で被検体のうちの
50％を死滅させるために必要な薬剤の量。数値が小
さいほど毒性が強い。

LOI 値
（Limiting Oxygen Index）（LOI 値）

繊維が燃焼し続けるために必要な最低酸素濃度のこ
とで、高分子材料の燃焼性評価の指数。値が大きい
ほど難燃性を示す。

MD/CD 比
（MD/CD ratio）（MD/CD 比）

不織布の機械方向（MD）と幅方向（CD）の物性
値の比。

NOx（Nitrogen Oxides）

窒素化合物のことで、光化学大気汚染や酸性雨の原
因物質の1つ。

A〜Z

OEM（Original Equipment Manufacturing）
メーカーが，客先ブランドで製品を生産し，供給するシステム。

PBO 繊維
（poly p-phenylene benzo-bisoxazone fiber）（PBO 纤维）
ポリパラフェニレンベンゾビスオキサドール繊維のこと。高強力・高弾性率で，耐熱性および難燃性に優れている。

PBT 繊維
（poly butylene terephthalate fiber）（PBT 纤维）
ポリブチレンテレフタレートは，テレフタール酸と1,4ブタンジオールを原料として合成され，主鎖にエステル結合を有する直鎖状の熱可塑性飽和ポリエステル樹脂。

PEEK 繊維
（poly ether ether ketone fiber）（PEEK 纤维）
ポリエーテルエーテルケトンからなる耐熱，難燃繊維。

pH（hydrogen ion exponent）
水素イオン指数，水素イオン濃度指数ともいう。pH 7 が中性で，それ以下が酸性，それ以上がアルカリ性。

PL 法
（Product Liability Law）（PL 法）
製造物責任法の略。製造物の欠陥によって生じた損害に対する製造業者の損害賠償の責任についての法律。

POY (Partially Oriented Yarn)

溶融紡糸において，未延伸糸より高速で結晶化があまり進んでいない状態で巻き取ったフィラメント。

PPS 繊維

(polyphenylene sulfide fiber) (PPS 纤维)

ポリフェニレンサルファイドは，融点が280℃の耐熱性，耐薬品性があり，しかも難燃剤を添加せずに自己消火性を有する高機能性ポリマー繊維。

PPV 繊維

(poly p-phenylene vinylene fiber) (PPV 纤维)

ポリパラフェニレンビニレンは，剛直棒状であり導電性のある高分子。p-フェニレン基とビニレン基の繰り返し構造をもつ。PPV とその誘導体はドーピングにより導電性を示す。

PPV の化学構造

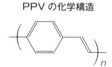

PTFE 繊維

(polytetrafluoroethylene fiber) (PTFE 纤维)

ポリテトラフルオロエチレンは，テトラフルオロエチレンの重合体で，フッ素原子と炭素原子のみからなるフッ素樹脂。テフロン (Teflon) の商品名で知られる。化学的に安定で，耐熱性・耐薬品性に優れる。

PTFE の化学構造

$$\left(\begin{array}{cc} F & F \\ | & | \\ C - C \\ | & | \\ F & F \end{array} \right)_n$$

PVA (poly vinyl alchol)

ポリビニルアルコールのことで，ポバールともいう。ビニロンの原料。ポリ酢酸ビニルの酢酸エステル基をけん化して，側基を OH 基とした水溶性合成高分子。

A～Z

S-S 曲線
(Stress-Strain curve)（S-S 曲線）
応力-ひずみ曲線 参照。

SAP（Super Absorbent Polymer）
超吸収性樹脂のことで，自重の数百倍の液体を吸収・保持することができるものもあり，紙オムツやナプキンなどに大量に使用されている。

SEK マーク
(SEK mark)（SEK 号子）
一般社団法人 繊維評価技術協議会による，清潔（S）・衛生（E）・快適（K）を目的にした繊維のシンボル「SEK マーク」制度のこと。1989年8月開始の抗菌防臭加工をはじめ，制菌加工，抗かび加工，消臭加工，防汚加工，抗ウイルス加工等のマーク制度を「SEK さわやかシリーズ」として展開している。また，SEK マークの海外展開を推進するため，機能性試験方法の ISO 化を進めるとともに，主要各国における SEK マークの商標登録を拡大している。

SI 単位
(SI unit)（SI 単位）
国際的な単位系で，基本単位として長さはメートル（m），質量はキログラム（kg），時間は秒（s），電流はアンペア（A），温度はケルビン（K）または℃，物質量はモル（mol），光度はカンデラ（cd）で表わす。繊維の太さはテックス（tex），強力はニュートン（N），圧力はパスカル（Pa），熱量はジュール（J）で表わす。

SJ 法
(Steam Jet Method)（SJ 法）
スパンレース法において，高圧水流の代わりに高温水蒸気を噴出し，ウェブ中の繊維どうしを結合する

方法。蒸気の熱エネルギーと力学的エネルギー利用して，さまざまな加工をすることができる。

SJ装置の概略加工プロセス

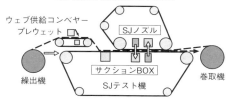

SMS（Spunbonded/Melt-blown/Spunbonded nonwovens）
スパンボンド不織布，メルトブローン不織布，スパンボンド不織布を一体化して製造したもので，メルトブローン不織布の極細繊維による機能とスパンボンド不織布の強度や耐摩耗性を活かした複合不織布。SMMS や SSMMS などもある。

TE（Toxicological Equivalence）
ダイオキシンの量を表示するのに用いる等価毒性係数。

TOC（Total Organic Carbon）
水中にある有機物由来の炭素の総量。

ULPAフィルター
（Ultra Low Penetration Air filter）（ULPA過濾器）
HEPA フィルターよりも高性能の，主としてガラス繊維を用いたフィルター。DOP テストで，捕集効率が99.995％以上のものをいう（HEPA フィルター 参照）。

UVカット繊維
（UV-cut fiber）（紫外線遮断纤維）
紫外線遮蔽繊維 参照。

あ 行

あ

アークプラズマ（アーク放電）
(electric arc, arc discharge)（電弧，電弧放電）
電極から，電子放出やイオン生成が起こることによって発生する連続した放電である。アーク放電を利用したものには，蛍光灯やアーク溶接がある。アーク放電は，比較的低い電圧で大きな電流が流れるという特長がある。落雷は，積乱雲に帯電した電子と大地との間で起こる大規模な火花放電である。

アークプラズマ

アクションバーブ
(action barb)（有効針刺）
$1 cm^2$ 当たりのウェブを貫通するニードルバーブ数。

アクリル酸
(acrylic acid)（丙烯酸）
沸点141℃，融点14℃で，水，アルコール，エーテ

ルに可溶。樹脂，接着剤，増粘剤，ペイント，糊剤
の原料として使用される。

アクリル繊維
（acrylic fiber）（丙烯酸纤维）
アクリロニトリルの単重合物またはこれらと他の物
質との共重合物のうちで，アクリロニトリルの成分
を50重量％以上含むもの。50重量％以下のものはア
クリル系という。アメリカでは，85重量％以上含む
ものをアクリル繊維という。

アクリレート系繊維
（aclylate fiber）（丙烯酸纤维）
アクリル酸，アクリル酸ナトリウム，アクリルアミ
ドの共重合による高分子からなる繊維。吸水性に優
れ，吸湿・発熱機能がある。

アザミ
（teasel）（起毛草）
起毛に用いるアザミ（オニナベナ）の実。その刺先
で織物の表面を何回もこすって毛羽を立たせる。

アスベスト
（asbestos）（石棉）
石綿ともいい，繊維状の鉱物を綿のように揉みほぐ
したもの。蛇紋岩（じゃもんがん）と角閃岩（かく
せんがん）に属するものがある。主として，耐火材
料，断熱材，防火服として用いられている。

アスファルトルーフィング材
（asphalt roofing materials）（沥青屋面材料）
屋根の防水加工材で，工法には熱工法と冷工法があ
る。アスファルトを含浸させたシートで，基布にビ
ニロン不織布やポリエステルスパンボンド不織布な
どが用いられる。

アスペクト比
(aspect ratio)(长宽比)
縦横比ともいい,繊維の場合は繊維長と幅または直径との比で表わされる。

アセテート繊維
(acetate fiber)(醋酸纤维)
酢酸セルロースからなる化学繊維で,トリアセチルセルロースを部分けん化して酢化度55～56％のものをアセトンに溶解し,乾式紡糸により得られる。酢酸繊維素繊維ともいう。

アップランド綿
(upland cotton)(陆地棉)
陸上綿とも呼ばれ,全世界の綿花生産の90％がこの品種に属している。アメリカで改良されたため,米綿ともいう。

アニオン化合物
(anionic compound)(阴离子化合物)
負の電荷を有する化合物。

アラクネ機
(arachne machine)(阿拉赫涅缝编机)
ステッチボンド法の一種で,ウェブを編み針で縫って繊維どうしを結合する機械。

アラクネ機の構造

[出典:不織布の基礎知識, p.36, 日本不織布協会]

アラミド繊維

（aramid fiber）（芳纶纤维）

ナイロンと同類のポリアミド繊維に属し，アミド結合を介して連なった芳香族基からなる合成高分子。高強度・高弾性率，難燃性や耐熱性に優れたパラ系アラミド繊維と，耐熱性と難燃性に優れたメタ系アラミド繊維がある。

アルカリ減量加工

（alkali peeling treatment）（碱减量处理）

ポリエステル繊維に水酸化アルカリ水溶液を作用させて，繊維表面を薄く削り取るようにして繊維を細くする加工。

アルミナ繊維

（alumina fiber）（氧化铝纤维）

アルミナ（酸化アルミニウム）を60%以上含む多結晶繊維で，短繊維とフィラメントがある。

アンダーレイ

（underlay）（底衬）

カーペットや廃棄物処理場の保護材などの下敷き材。

あな（孔）

（hole）（孔）

なんらかの原因で不織布に生じた孔。

亜塩素酸塩漂白

（chloride bleaching）（亚氯酸盐漂白）

亜塩素酸塩による漂白。漂白浴中で，酸または塩により分解して二酸化塩素を発生し，繊維を酸化漂白すること。

あ～お

亜　麻

(flax)（亜麻）

一年生の亜麻科の植物の茎の維管束から取り出した靭皮繊維で，亜麻から作られた織物をリネン（linen）という。

圧縮弾性率

(compressive modulus)（圧縮模量）

材料の圧縮比例限度内において，一軸圧縮応力下での押し込み深さと加えられた外力との比。

圧縮加工

(compacting)（圧縮処理）

布を長さ方向に機械的に押し込むことによる防縮加工。

圧縮性

(compressibility)（可圧縮）

圧縮のしやすさで，加圧力と試料の厚さとの関係で示される。

圧力損失

(pressure loss)（圧力損失）

マスクの呼吸のしやすさ，フィルターの空気の通過しやすさを表わす。一定流量の空気をマスクやフィルターに流して，その外側と内側の圧力差を数値で示し，数値が低いほど，マスクの場合は呼吸がしやすくなる。単位は Pa（パスカル）。

厚　さ

(thickness)（厚）

布では一定荷重下での厚さ（単位は mm）で示すことが多い。

後加工

(after treatment, after finishing) (经过处理后)

広義には染色仕上加工であるが，仕上加工を後加工ということもある。

後処理

(after treatment) (后期处理)

染色や仕上加工において，加工を完結する目的で，付加的に行う各種の処理法。

後染め

(piece dyeing) (片染)

染色工程で，布になってから染色すること。反染め，布染めと意味は同じ。

網

(net) (网)

糸，縄，針金などを用いた目の粗い一種の編地。

荒巻き整経

(beam warping) (軸经整经)

製織の準備工程において，経糸糊付け時に供給する経糸準備方式の１つ。

泡加工

(foam finishing) (泡沫整理)

染色および加工の省エネルギーを目的とする，泡を用いた加工法。

泡接着法

(foam bonding) (泡沫粘合)

泡沫接着法 参照。

あ〜お

い

あ～お

イージーケア
（easy care）（易于打理）
取り扱いが容易であること。

イオン風
（ionic wind）（离子风）
コロナ放電状態において，ノズル先端からターゲットに向かって1 m/sec程度の風が発生する。

イオン結合
（ionic bond）（离子键）
陽イオンと陰イオンの静電気的な結合。

イオン交換繊維
（ion-exchange fiber）（离子交换纤维）
イオン交換能力のある繊維で，高分子鎖にスルホン酸基，第四級アンモニウム基などのイオン性官能基を化学結合させた繊維。

インクジェット
（inkjet）（墨水喷射）
微小なインク液滴を対象物に飛ばして点を描き，その集まりで文字や図形をダイレクトに印刷する技術。

インクジェットプリント
（ink jet printing）（喷墨印刷）
インクを噴射して布に捺染する方法。

インクジェットプリンター「ICHINOSE 2050」(東伸工業㈱)

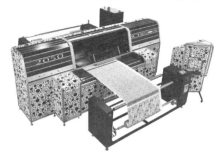

インジゴ
(indigo)(靛青)
天然色素で,色相は青であり,ジーンズに多く用いられている。藍染めが有名。

インターレース
(interlace)(交错)
高圧空気噴流によって,マルチフィラメント中のフィラメントを相互に絡ませる加工技術。

衣服内気候
(clothing climate)(服装微气候)
人間の皮膚と衣服との隙間の温湿度,気流の状態。人間が快適と感じる条件は,温度32±1℃,相対湿度50±10%,気流速度25 cm/sec といわれている。

異形断面繊維
(modified cross-section fiber)(改性截面纤维)
繊維の断面が円形ではないもので,三角形,五角形,扁平型,中空型など多くの種類がある。付加的な機能を与えるために異形断面にする場合が多い。

異収縮混繊糸
（mixed filaments of different shrinkage）（不同收縮率的混合长丝）
熱収縮率の異なるフィラメントを混繊したもの。

異方性
（anisotropic）（各向异性）
方向によって性質が異なること。

意匠糸
（fancy yarn）（花式纱）
異なる種類の繊維を組み合わせて，形状や色に変化をもたせた糸。ネップヤーン，スラブヤーンなどがあり，飾り糸ともいう。

硫黄酸化物
（sulfur oxides）（硫氧化物）
硫黄の酸化物の総称。SOx ともいう。大気汚染物質の１つで，酸性雨の原因となる。

椅子張り地
（seat fabric）（座椅面料）
家具，車両などの椅子や座席に用いる布。

閾　値（いきち）
（threshold value）（阈值）
ある境界を示す値。

育苗用不織布
（seedbed nonwovens）（苗床非织造布）
水稲など，いろいろな作物の育苗箱の中底に敷く不織布。

一軸強さ

（uniaxial strength）（単軸強度）

物体の一軸方向の外力に対する強さ。

糸

（yarn）（紗）

繊維を集合させ，通常は撚りを掛け，細長い形状にしたもの。

色止め

（color fixing）（彩色固定）

染色後に，染料の堅ろう度を高めるために，フィックス剤などを用いて染料の水溶性を低下させること。

あ〜お

う

ウィッキング

（wicking）（芯吸）

繊維集合体が，毛細管現象により液体を吸い上げること。

ウイスカー

（whisker）（晶须）

細長く針状に成長した単結晶で，無機系の金属やセラミックスが主である。ホイスカーともいう。

ウェットワイパー

（wet wiper）（湿毛巾）

濡れおしぼりのことで，スパンレース不織布が主である。

ウェブ

（web）（非织造布箔材）

繊維が集合した薄いふとん状のもの。

ウェブの形成工程

（web forming process）（形成非织造布箔材的步骤）

ウェブを形成する工程で，湿式，乾式，紡糸直結式に大別される。

各種ウェブの形成方法の特徴

製　法	製法の特徴
湿　式	繊維長（2〜6mm），繊維配列はほぼランダム，高機能・高性能繊維の使用，均一性大，薄物，エレクトロニクス分野に適合，高付加価値型
カード	パラレルウェブ，ランダムウェブは困難，ウェブを重ねてクロスウェブ，羊毛紡績の蓄積技術，柔らかいウェブ
エアーレイド	繊維長（3〜12mm），嵩高いウェブ，ランダム，機能性薬剤噴霧可，パルプを主原料，衛生用，高吸水機能
スパンボンド	基本は熱可塑性ポリマー，大量生産，高強力，連続繊維，多成分紡糸
メルトブロー	熱可塑性ポリマー，極細繊維，低強力，不連続，原料の多様化，フィルター
フラッシュスパン	溶媒選択困難，高強力，極細繊維，防水透湿性，網状連続，単一機能の量産化型，防護服・ハウスラップ
経緯直交法	高強力，薄物，平滑，メッシュ状

ウェブの形成方法

(a) 乾式（エアレイ法）

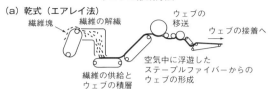

(b) 乾式（カーディング法）

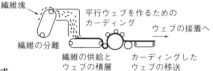

(c) 湿 式

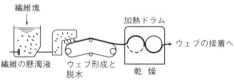

(d) 直接法（スパンボンド法）

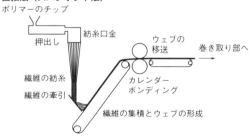

(e) 直接法（メルトブロー法）

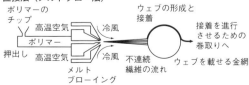

[出典：繊維学会（編）；繊維便覧（第2版），p.349，丸善（1994）]

ウェブの接着工程
（web bonding process）（非织造布箔材的粘合过程）

ウェブ中の繊維どうしを接着する工程で，化学的接着法，熱的接着法，機械的接着法に大別される。

各種ウェブの接着方法の特徴

製　法	製法の特徴
ケミカルボンド	接着剤の使用量，量的に減少傾向，プリントボンド，熱や大きな力を加えて接着できない用途，低コスト
エアースルー	嵩高性・クッション性大，厚物，多空隙，低密度，不純物なし，コンベヤー式とロータリードラム式，収縮コントロール，複合繊維
カレンダー	高剛性，板状，薄物，省スペース，点接着（柔軟性），低コスト，エンボス加工
ニードルパンチ	繊維どうしの絡み合い，厚物，表面の意匠加工 ジオテキスタイル，カーペット，自動車用
スパンレース	繊維どうしの絡み合い，良好な風合い，薄物，高圧型と低圧型，衛生・医療用，模様付け，スチームジェット方式
ステッチボンド	糸で縫う，アラクネ機・マリモ機，織物に近い風合い，高嵩高性，厚物

ウェブの接着方法

(a) 浸漬接着法

(b) ニードルパンチボンド法

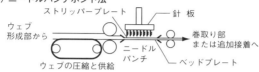

(c) スパンレース法

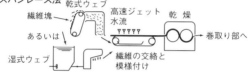

(d) ステッチボンド法

(e) サーマルボンド法（スルーエア法）

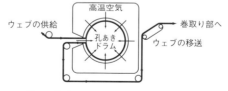

(f) サーマルボンド法（カレンダー法）

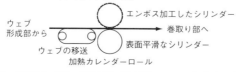

[出典：繊維学会（編）；繊維便覧（第2版），p.350，丸善（1994）]

あ〜お

ウエイングパン方式
(weighing pan method)（称量锅方式）
カード機に繊維を一定量供給する方式の1つで，繊維をウエイングパンに溜め，規定重量になれば，パンの下部が開いてラチス上に供給する方式。

ウォータージェットパンチ
(water jet punch)（水射流冲床）
高圧下で噴出されるジェット水流でウェブ中の繊維を交絡することによって，不織布を製造する方法。水流交絡，スパンレース法とも呼ばれる。

ウレタンコーティング布
(urethane coated fabric)（聚氨酯涂层织物）
コーティング布の一種で，擬皮加工に用いられ，ウレタン塗料を乾式法によりコーティングし，水浸漬により多孔化する。

ウレタンフォーム
(urethane foam)（尿烷泡沫塑料）
ポリウレタン樹脂を材料とした軟質発泡体。

打ち抜き
(dies cutting)（冲孔）
油圧式のダイスカッターで打ち抜くことによって布を裁断する方法。

羽 毛
(down)（羽毛）
水鳥の体表から採取した綿毛で，極細繊維のため軽く，保温性に富む。

海島型繊維
(islands-in-a-sea type fiber)（海岛型纤维）
単繊維中で，ポリスチレンなどを海成分，ポリエス

テルやポリエチレンなどを島成分とし，繊維軸に沿って多数配置した繊維。超極細繊維の作製に用いられる。

海島断面のコンジュゲート紡糸によるナノファイバー
（nanofiber from conjugate spinning method of sea-island phase separation）
（从海－岛相分离的共轭纺丝法制备纳米纤维）
ポリマーを口金から吐出するに際して，「島」成分と「海」成分の2種類のポリマーの複合体（コンジュゲート）の糸を紡糸し，その後，「海」の部分を溶解除去することでマイクロメートル以下のナノファイバーを作る技術。帝人は，直径700nmのナノファイバーの生産技術をこの方法で確立し，「ナノフロント」のブランド名で2008年7月に，世界で初めて商業生産を開始した。

裏　地
（lining）（衬布）
衣服の裏側に用いる布。表地の補強や形態安定性および，すべりを良くするために用いられる。

運動エネルギー
（kinetic energy）（动能）
運動している物体が，静止している時に比べて余分にもっているエネルギー。

え

エージング
（aging）（陈化，用蒸汽加热处理）
繊維加工のため，薬剤を含浸させたあと，乾燥または湿潤状態で蒸熱すること。

エアフィルター
(air filter)（空気過濾器）

空気中の粉じんを捕集するためのもので，性能により次表のように分類されている。

エアフィルターの性能とろ材

性能分類		フィルター性能					ろ材特性			補足
		対象粉じん粒子径 (μm)	対象粒子濃度 (mg/m³)	圧力損失 (mmAq)	捕集効率 (%)			繊維径 (μm)	目付 (g/m²)	厚み (mm)	
					重量法	比色法	DOP法				
粗じん		≧5	0.4～0.7	3～20	30～90	5～30	≦5	10～60	20～400	0.5～40	
中性能		≧1	0.1～0.6	8～25	90～96	30～70	20～40	10～40	80～200	1～2	
高性能		0.3～1	≦0.3	15～35	≧98	85～98	50～90	5～20	50～100	0.8～1.5	
超高性能	HEPA	≦0.3	≦0.3	25～50	100	100	≧99.97	0.4～1	60～80	～0.5	ガラス
								1～2	≧100	1	PPエレクトレット
	ULPA	≦0.1	≦0.3	25～50	100	100	≧99.999	0.2～1	60～80	～0.5	ガラス
								1～2	≧100	1	PPエレクトレット
								0.1～0.3	70	0.6	PTFE膜＋補強材

[出典：松尾達樹；加工技術，**42**(6)，364（2007）]

エアフォーミング
(air forming)（空気成型）

空気流によって繊維を分散させ，ウェブを形成すること。

エアレイド（エアレイ）法
(air laid)（気流成網）

繊維を空気中に分散させてスクリーン上に積層し，シートを作るウェブの形成工程。

パルプを用いることが多いので，エアレイド不織布といえば乾式パルプ不織布を指す場合もある。エアレイド機はスクリーンタイプが主流であり，ウェブ形成法の違いによって，M＆J法，Dan-Web法，王子法に分類される。エアレイド法の分類を次に示す。

エアレイド法の分類

[出典：不織布の基礎知識，p.41，日本不織布協会（2008）]

M&J法ウェブ形成機

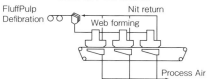

[出典：M&J社のカタログ]

Dan-Web法による製造ラインの例

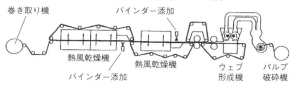

[出典：Dan-Web社のカタログ]

王子法による乾式パルプ生産機の一例

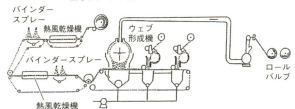

［出典：本州製紙㈱鮫島忠典：日本繊維機械学会不織布研究会例会 技術資料（1994.3.24）］

王子法によるサーマルボンド式乾式パルプ生産機（TDSマシン）

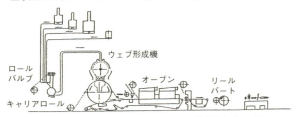

［出典：不織布の基礎知識, p.43, 日本不織布協会（2008）］

エアロゲル
（aerogel）（气凝胶）

超臨界乾燥法を用いて作られた，シリカなどからなる多孔質で低密度な乾燥ゲルで，体積の90％以上を占める隙間に，空気や水などの物質を含有することができるため，断熱材や防音材などへの利用が期待されている。

エアロゾル
（aerosol）（气雾剤）

煙などのように気体中に液体または固体，微粒子がコロイド状に分散するもの。煙霧体ともいう。

エコテックススタンダード

（Oeko-Tex Standard）（Oeko-Tex 標准）

オーストリアの研究所がドイツの研究所と共同で，テキスタイルエコロジー（Textile Ecology）として規定した規格。繊維製品を対象としたエコテックス100と，製造工場を対象としたエコテックス1000がある。

あ～お

エジェクター

（ejector）（排出器）

高圧噴射空気を排出する装置。

エッチング

（etching）（蝕刻）

腐食のこと。

エマルションバインダー

（emulsion binder）（乳液粘合剤）

不織布製造時の接着剤で，接着剤として合成ゴムラ

エマルションポリマーの種類

	ポリマー	通称
合成樹脂系	ポリアクリル酸エステル	アクリルエマルション
	アクリル・スチレン共重合体	アクリル・スチレンエマルション
	ポリ酢酸ビニル	酢ビエマルション（PVAc）
	酢ビ・ベオバ共重合体	酢ビ・ベオバエマルション
	酢ビ・エチレン共重合体	EVAエマルション
	酢ビ・エチレン塩ビ共重合体	エチレン・酢ビ・塩ビエマルション
	酢ビ・アクリル共重合体	酢ビ・アクリルエマルション
	ポリエチレン	ポリエチレンエマルション（PE）
	ポリ塩化ビニル	塩ビラテックス
	エチレン・塩ビ共重合体	エチレン・塩ビラテックス
	ポリ塩化ビニリデン	（塩化）ビニリデンラテックス
	ポリスチレン	ポリスチレンエマルション（PS）
	ポリウレタン	ウレタンエマルション
	ポリエステル	ポリエステルエマルション
	エポキシ	エポキシエマルション
ゴム系	天然ゴム	天然ゴムラテックス
	ポリブタジエン	ポリブタジエンラテックス
	ブタジエン・スチレン共重合体	SBRラテックス
	ブタジエン・アクリロニトリル共重合体	NBRラテックス
	ブタジエン・メチルメタクリレート共重合体	MBRラテックス
	ブタジエン・スチレン・ビニルピリジン共重合体	VPラテックス
	ポリクロロプレン	クロロプレンラテックス（CR）
	ポリイソプレン	IRラテックス

［出典：渡辺俊介；ポリフィル，**26**(11)，49（1989）］

テックス，合成樹脂エマルションが使用されている。

エムアンドジェイ法
（M&J method）（M&J 方法）
エアレイド法のスクリーンタイプの 1 つ（エアレイド法 参照）。

エメリー加工
（emerizing）（研磨砂処理）
ロールに巻き付けたエメリーペーパーによって，布の表面を起毛する加工。

エラストマー（弾性ポリマー）
（elastmer）（弾性体橡胶）
一般に，ゴム類のような高弾性の高分子材料をいい，可塑性が顕著なプラストマー（plastmer）に対比していわれる。

エレクトレット繊維
（electret fiber）（驻极体纤维）
ほぼ永久的に荷電している繊維。粒子の捕集効率を高めるために，不織布にコロナ放電などで帯電加工処理を施したエレクトレット化不織布フィルターがある。エレクトレット化不織布フィルターは，圧力損失が小さい割に捕集効率が高いが，使用中の電気的中和によって捕集効率が低下するので，十分帯電させることと使用用途に注意する必要がある。

エレクトロスピニング
（electrospinning）（静电纺织）
ポリマー溶液に高電圧を加え，細いノズル先端にテーラーコーンを作り，そこからナノサイズの繊維を紡糸する方法。

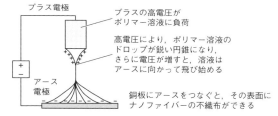

エレクトロスピニングの原理

エレクトロ・スプレー・デポジション (ESD) 法
(electrospray deposition (ESD) method)
(电喷雾沉积)
溶液に高電圧を加え,細いノズルから押し出すことにより,ナノサイズの液滴をスプレーする方法。

エンジンフィルター
(engine filter)(引擎滤纸)
エンジンオイル内の不純物を除去するオイルフィルター。吸入する空気に含まれる塵(ちり)やホコリなどの異物を取り除き,エンジンの機能や性能に支障をきたさないように取り付けられるエアクリーナーや,燃料から汚れなどの異物を除くためのフィルターなどがある(自動車用フィルター 参照)。

エンボス加工
(embossing)(压纹加工)
不織布に,光沢のある押印や浮彫模様を作る加工方法。模様を浮型に彫刻した鋼製ローラー間 (embossing calendar) に不織布を通して模様を付ける加工。

永久ひずみ
(permanent strain)(永久性紧张)
材料に外力を加え,外力を取り去った後も残るひず

み。

衛生加工
(sanitary finishing)（卫生整理）
防かび加工，抗菌加工の総称で，抗菌・防臭などの
衛生性を与える加工。

衛生用品
(hygiene products)（卫生用品）
衛生用に用いられる製品で，代表的なものは紙オムツである。そのほか，生理用品，救急用品，洗浄用品などがある。

液晶紡糸
(liquid crystal spinning)（液晶纺丝）
高分子材料の液晶状態（液体のような流動性をもちながら，分子がある規則性をもって配列している状態）を利用して，分子鎖を配列させながら紡糸する方法。ケブラー，ザイロンをはじめとしたアラミド繊維，PBO 繊維などはこの方法で作られている。

液体フィルター
(liquid filter)（液体过滤器）
液体中の微粒子をろ過するためのフィルター。一般工業用，食品用，自動車用，浄水器用など用途範囲は広い。カートリッジ型，フィルタープレス，中空糸膜のモジュールがある。カートリッジ型（糸や不織布のワインドフィルター，プリーツタイプ）は，手軽なことから低濃度の粒子（$0.01 \sim 100 \mu m$）のろ過に幅広く使用されている。フィルタープレスは，カートリッジ型に比べて装置が複雑になるが，ろ過布のケーク除去により再利用できるため，圧力を加えたろ過が可能である。中空糸膜を利用した分離は，ろ材の選択により種々の粒径に対応できる（図参照）。

中空糸分離膜の種類と分離対象

孔 径（Å） （mm）	10 10^{-6}	10^2 10^{-5}	10^3 10^{-4}	10^4 10^{-3}	10^5 10^{-2}	10^6 10^{-1}
分離対象物	水・ イオン	パイロジェン ウイルス		バクテリア		
駆動力　圧力差	逆浸透膜（RO） ルーズRO膜（NF）	限外ろ過膜（UF） ミクロフィルター（MF）			一般ろ過	
駆動力　濃度差	透析膜 浸透気化膜（PV）					
駆動力　電位差	電気透析・電解膜					
膜の形態	非多孔膜	多孔膜				
分離機構	溶解・拡散	ふるい機構				

［出典：松尾達樹；加工技術，**42**(6)，367（2007）］

延　伸
（drawing）（拉，延伸）
材料を引き伸ばすこと。繊維方向と同一方向に，熱あるいは冷延伸する。

遠赤外線
（extreme infrared rays）（远赤外线）
波長の長い赤外線のこと。25～100μm（マイクロメーター）の波長。

塩素残留
（chlorine retention）（氯潴留）
樹脂加工や漂白後に，塩素が残っている現象。

塩ビレザー
（polyvinyl chloride leather）（聚氯乙烯皮革）
不織布や織物の基布の表面に塩化ビニル樹脂をコーティングし，加工した皮革調のシート。

お

あ～お

オーガニックコットン
（organic cotton）（有机棉花）
有機栽培綿ともいう。農薬や化学肥料を 3 年間用い
ていない畑で栽培された綿花。

オイリング
（oiling）（注油）
給油のことで，繊維を保護し，可紡性を高めるため
に繊維に少量の油を加えること。

オイルクロス
（oil cloth）（油布）
基布にオイル，ポリウレタン系またはアクリル酸系
の樹脂を塗布したもの。

オイルフィルター
（oil filter）（机油滤清器）
液体用フィルターの一種で，エンジンオイルなどの
油中の固体粒子をろ過する目的で用いられる。

オイルフェンス
（oil fence）（油围栏）
海上に流出した油の拡散を防ぐための吸油用マット
状のフェンス。

オゾンフィルター
（ozone filter）（臭氧过滤器）
複写機などから発生するオゾンを吸着するフィル
ター。活性炭素繊維シートが主として用いられてい
る。

オムツ

（diaper）（尿布）

自分で排便の始末ができない乳幼児，障害者や高齢者のための繊維製品。不織布を主体とした紙オムツが多い。

オレフィン系繊維

（olefin fiber）（烯烃纤维）

エチレンやプロピレンなどのオレフィン類の重合体を溶融紡糸して得られる繊維で，比重は繊維中で最も小さいが，染色性に劣る。

王子法

（Oji method）（王子法）

エアレイド法のスクリーンタイプの1つ（エアレイド法 参照）。

応　力

（stress）（应力）

外力が加えられた時に，物体内部に発生する外力に対する抗力。単位面積当たりの応力の大きさを，応力の強さあるいは単に応力という。

応力－ひずみ曲線（S-S カーブ）

（stress strain curve）（应力-应变曲线）

縦軸に応力，横軸にひずみをとって，応力とひずみとの関係を示した曲線。

応力緩和

（stress relaxation）（应力缓和）

材料に，一定時間一定のひずみを与えて放置すると，応力が時間とともに減少する現象。

黄　変

(yellowing)（变黄）

繊維などが，薬剤や NOx などの影響を受けて黄色く変色すること。

黄　麻

(jute)（黄麻）

靭皮繊維で，麻袋やカーペット基布に使用されることが多い。

遅れ弾性回復

(delayed elastic recovery)（延迟弹性恢复）

外力を取り除いた時，瞬間的に回復するのではなく，粘性のためにゆっくりと回復する現象。弾性余効ともいう。

押出し成形

(extrusion)（挤压成型过程）

熱可塑性樹脂の成形加工方法の一種で，成形材料を押出し機中で過熱・加圧して流動状態にし，ダイから連続的に押し出して成形すること。

織フェルト

(woven felt)（无纺布毡）

毛織物を起毛して縮充させたフェルト。

温室内張りカーテン

(greenhouse inside-curtain)（温室内幕）

園芸および農業などにおける温室内の保温，遮光，結露防止を目的として用いられるカーテン。

温室効果ガス

(greenhouse gas)（温室气体）

地球温暖化をもたらすガス。赤外線を吸収する性質をもった気体で，二酸化炭素，メタン，亜酸化窒素，

フロン，水蒸気などがある。

あ～お

か 行

か

カーディング（梳綿）
（carding）（梳理）
繊維の方向がバラバラの繊維塊を，針布の相互作用により平行配列させる作用。

カード機（梳綿機）
（carding machine）（梳理机）
繊維塊にカーディング作用を与え，短繊維，不純物を除きながらカードウェブにする機械。カード機を大別すると，フラットカード機とローラーカード機に分けられるが，不織布用としては一般的にローラーカード機が用いられている。カード機の概略を次に示す。

カード機の概略

ワーカー
d_A 260mm

クリヤラー
d_W 120mm

a 0.6g/m²

β_A 30g/m²

β_W 6g/m²

v_{Tr} 1,000m/min
u_{Tr} 254.6min

メインシリンダー
1,250mm

β 1.2g/m²

P_A 1,200g/min

v_W 200m/min
u_W 530.5min

v_A 40m/min
u_A 49min

供給
600g/m²

α_T 3g/m²

v_E 1.0m/min

クリヤラー

v_{Ab}
60m/min

ドッファー
d_{Ab} 800mm

m_F
10g/m²

v_F
60m/min

［出典：Nonwoven Fabrics, p.154, WILEY-VCH（2003）］

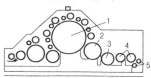
セミランダムカード

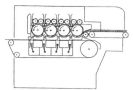
Fehre K-21 ランダムカード

[出典:不織布の基礎と応用, p.89, 日本繊維機械学会(1993)]

[出典:不織布の基礎と応用, p.87, 日本繊維機械学会(1993)]

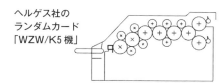
ヘルゲス社の
ランダムカード
「WZW/K5 機」

FOR 社のランダムカード機

[出典:不織布の基礎知識, pp.34-37, 日本不織布協会(2008)]

カード式
(carding method)(梳理方法)
カード機を用いてウェブを形成する方法。紡績工程で使用されている梳綿(carding)作用(ランダムに自由に絡み合った繊維集合体を繊維配列の整ったシート状にすること)を利用する。

カーペットアンダーレイ
(carpet underlay)(地毯衬垫)
カーペットの下に敷くクッション地。

カーペット基布
(carpet backing)（地毯背衬）
パイルを挿入あるいは接着させるカーペットの裏地シート。

カーボンナノチューブ（CNT）
(carbon nanotube)（碳纳米管）
炭素原子が六員環ネットワークを作り，網目のように結び付いて筒状になったもの。単層のものをシングルウォールナノチューブ（SWNT），多層のものをマルチウォールナノチューブ（MWNT）という。単層のカーボンナノチューブの直径は数 nm で，人の髪の毛のおよそ5万分の1の太さ（単層 CNT 参照）。

カーボンナノチューブの化学修飾
(chemical modification of carbon nanotube)
（碳纳米管的化学改性）
水や有機溶媒中への可溶化を可能にする官能基を，共有結合で CNT に導入する手法である。

カーボンナノチューブの化学修飾

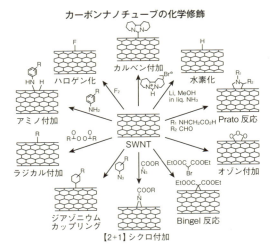

カーボンナノチューブを用いた導電性素材
（conductive material using carbon nanotube）
（使用碳纳米管的导电材料）
カーボンナノチューブは，ダイヤモンドと同等の強さをもち，電流量に対しては，銅の1,000倍まで耐えられる。これは，カーボンナノチューブは電子が散乱することなく高速に通り抜けることができ，抵抗が少ないためだといわれている。この性質を利用して，電子デバイスや複合材料への応用が研究されている。

カーボンブラック
（carbon black）（碳黑）
炭化水素の熱分解と不完全燃焼で生じる微小な黒色の炭素粒子。

カチオン性
（cationic）（阳离子）
正の電荷を有する化学物質。

カバーストック（表面材）
（cover stock）（覆盖股票，表面材料）
衛生用品の吸収体を包む不織布のこと。

カバーファクター
（cover factor）（覆盖度）
布の表面を繊維（糸）が被覆している割合のことで，布構造の粗密を表わす係数。被覆度ともいう。

カレンダー機
（calendar）（研光机，轧光机）
布を回転シリンダー間に通し，布表面を平滑にする機械や，布またはフィルムのシートを結合し，表面に模様を付ける機械がある。

カレンダー法
(calender bonding)（研光方法）
片方または両方のローラーが加熱された一対のローラーのニップ点にウェブを通過させて，ウェブ中の繊維どうしを接着する方法。

ガーゼ
(gauze)（紗布）
医療用等に用いられる目の粗い布で，吸水性とリントフリー性が要求される。

ガーネット
(garnett)（扯松）
シリンダー，ワーカーに巻かれた鋸歯状のワイヤー。

ガーネット機
(garneting machine)（石榴石机器）
ガーネットワイヤーを巻いた開繊用の機械。反毛機ともいう。

ガーレ法
(gurley method)（葛尔莱法）
剛軟性の測定方法の1つ。

ガス吸着フィルター
(gas absorbent filter)（气体吸着过滤器）
悪臭およびタバコのニオイや特殊ガスを除去するため，活性炭繊維や吸着剤処理した繊維を用いたり，吸着剤を付与したフィルター。

ガラス繊維
(glass fiber)（玻璃纤维）
ガラスを加熱溶融した後，結晶させずに半溶融状態を経て冷却し，繊維状にしたもの。
ガラス繊維は長繊維，短繊維，光学繊維に大別でき

る。汎用品としては E ガラスが用いられるが，そのほかに S ガラス（高強度ガラス），AR ガラス（耐アルカリガラス），D ガラス（低誘電率ガラス），C ガラス（耐酸ガラス），A ガラス（アルカリ含有ガラス）などがある。

ガラス転移点

（glass transition temperature）（玻璃化转变温度）
高分子物質が，柔らかいゴム状態から硬いガラス状態に変化する時の温度。

か～こ

化学気相成長法（CVD 法）

（chemical vapor deposition method）（化学气相沉积法）
さまざまな物質の薄膜を形成する蒸着法の１つで，気相中での化学反応によって基板上に薄膜を形成させる方法。

化学繊維

（chemical fiber）（化学纤维）
木材パルプなどのセルロース原料や，低分子を重合してできた高分子は，そのままでは繊維状ではない。これを繊維状にしたもので，化学繊維はすべて紡糸工程を経て製造される。人造繊維（man-made fiber）ともいう。

化学的仕上加工

（chemical finishing）（化学精加工）
薬剤を用いて，各種の性能や機能を付与する加工。

化学的接着法

（chemical bonding）（化学接着）
ウェブの接着方法の１つで，接着剤（エマルションバインダーあるいは粉末状）と化学薬品を用いてウェブ中の繊維どうしを接着する方法であり，古く

から用いられている。レジンボンド法，ラテックス接着法，ケミカルボンド法，バインダー法とも呼ばれる。接着剤を付与する方法により，浸漬法，グラビア印刷法，スクリーン印刷法，スプレーボンド法，泡接着法に分けられる。接着剤の繊維への使用量，および付着状態や不織布内での分布状態は，不織布の性質に大きな影響を与える。芯地，フィルターなどの用途が多い（ウェブの接着工程 参照）。

加水分解
（hydrolysis）（水解）
水を加えることにより分解する化学反応。

可視光応答型光触媒
（visible light driven photocatalyst）（可见光驱动光催化剂）
光に反応することで，消臭や抗菌作用などの効果がある光触媒。酸化チタンを用いたものは，消臭，VOC除去，抗菌・抗かび・抗ウイルス，鮮度保持，汚れ分解などが期待される。

可塑剤
（plasticizer）（增塑剂）
プラスチックやゴムなどの重合体に可塑性を与えるような物質。フタル酸エステルがよく用いられる。

可紡性
（spinning property）（易于旋转）
紡績のしやすさ。

架　橋
（cross-linking）（交联）
ポリマー相互を結合させる化学反応。これによってポリマーは溶解しにくくなり，弾性や硬さが変化する。

家蚕絹

（cultivated mulberry silk）（生糸）

野蚕絹に対する語で，養蚕業者が屋内で蚕を飼って作られる生糸，絹糸のこと。通常，単に絹，シルクという場合は家蚕絹を指す。

改質レーヨン

（modified rayon）（改性人造糸）

ビスコースレーヨンの強度の向上や，膨潤収縮の抑制などを目的として改質した繊維。強力レーヨン，ハイウェットモジュラス（HWM）レーヨン，ポリノジック等がある。

か～こ

界面活性剤

（surfactant）（表面活性剤）

気体，液体，固体の界面自由エネルギーを低下させ，湿潤，乳化，分散，可溶化，洗浄作用を示す化合物。アニオン系，カチオン系，非イオン系，両性の４つのタイプがある。

海島綿

（sea island cotton）（海岛棉）

現在，栽培されている綿花の中で最高の品質を有し，繊維長は45～55mmで，絹に次ぐ細さである。

開口率

（open area ratio）（开放面积比）

布の単位面積に対する開口部の面積の割合を百分率で表わした値。開孔率ともいう。

開繊機

（opener）（打开机器）

スパイクの付いたローラー等で大きな繊維塊をほぐし，不純物を除去し，細かい繊維集合体にする機械。

開繊炭素繊維
（spread tow carbon fiber）（铺展丝束碳纤维）
炭素繊維束を幅広く薄いテープ状に開繊したもの。
繊維束の厚み方向の繊維本数が少なくなることで，
繊維束中へのマトリックスの含浸が短時間で均一に
行われるようになる。

開俵機
（bale opener, bale breaker）（开俵机）
繊維の詰まった俵（bale）を開き，高速回転のスパイ
ク，シリンダー等で繊維の塊を分繊する機械。

拡　散
（diffusion）（扩散）
気体，液体中の原子または分子が，濃度差や温度差
のある時，次第に熱力学的な平衡状態に近づくこと。

拡散係数
（diffusion coefficient）（扩散系数）
拡散現象において，拡散の速さを規定する比例係数。

拡　布
（open width）（拡布）
布を広げた状態。

嵩高性
（bulkiness）（体积大）
見掛け密度の定性的表現で，同じ重さで体積が大き
いこと。嵩高性の表示法と各種試料の嵩高値を次に
示す。

嵩高性の表示法の比較

提唱者	記号	定義	表示式*
Vaughn	F_1	$\left\{ \dfrac{V_a}{V_f} = \dfrac{\rho_t - \rho_f}{\rho_t} \right.$	$374.6K\rho_f$
三浦（1）	F_2		$749.2K\rho_f - 1$
Jordan（1）	F_3	$\dfrac{V_t}{W} = \dfrac{1}{\rho_t}$	$749.2K$
Jordan（2）	$\rho_f F_3$	$\dfrac{V_t}{V_f} = \dfrac{\rho_f}{\rho_t}$	$749.2K\rho_t$
三浦（2）	F_4	$\dfrac{V_t \rho_f}{W} = \dfrac{\rho_f}{\rho_t}$	$749.2K\rho_f$
Holliday，立石	F_5	$\dfrac{W}{V_f} = \rho_f$	$\dfrac{1}{749.2K}$

$$*K = \frac{\text{厚さ}\ t\ (\text{in})}{\text{基本質量}\ (\text{oz/yd}^2) \times 1\,\text{yd}^2}$$

［出典：不織布の基礎と応用，p.241，日本繊維機械学会（1993）］

各種試料の嵩高値

	F_1	F_2	F_3	$\rho_f F_3$, F_4	F_5
ベルトズック	1.82	2.42	2.25	3.42	0.44
ニードルカーペット	3.48	6.18	7.81	7.18	0.13
熱接着芯地	3.69	9.34	7.49	10.34	0.13
製紙用フェルト	4.00	6.91	5.99	7.91	0.17
自動車用ショディ	7.48	13.92	9.82	14.92	0.10
ニードル毛布	7.67	14.34	13.34	15.34	0.07
ニードルトランク内張り	9.07	17.13	19.70	18.13	0.05
ニードルジオテキスタイル	15.67	30.33	34.09	31.36	0.03
調度用パッド	28.72	56.48	41.65	57.48	0.02
寝台掛布	64.62	128.24	93.65	129.24	0.01
ガラス繊維断熱布	129.49	251.49	101.07	252.67	0.01

［出典：不織布の基礎と応用，p.242，日本繊維機械学会（1993）］

固　綿（硬綿）（かたわた）
（fiber cushion）（硬纤维垫）

ポリエステル綿などの中に，それよりも低温で溶融する繊維を混入し，スルーエア法によってこれを溶かして固めた繊維構造体。クッションの芯材，吸音材，フィルターなどに用いられる。

肩パッド

(shoulder pad)（垫肩）

着用した時の体型を補正するために，衣服の肩部に入れる詰め物。

活性炭素繊維

(activated carbon fiber)（活性碳纤维）

炭素繊維に高温で水蒸気を反応させ，炭素の一部をガス化し，表面に無数の微細孔を形成させた繊維。比表面積と吸着性が大きい。

紙オムツ

(disposable diaper)（一次性尿布）

主として不織布から構成される使い捨てオムツ。幼児用と大人用があり，液体（尿）を透過する表面材，分配材，吸水材，防水材，テープ，ギャザーから構成されている。これらのうち，表面材，分配材，防水剤に不織布が使用されている。なお，吸水材には漂白パルプとSAP（Super Absorbent Polymer：超吸水性ポリマー）が使用されている。

紙オムツの概略図

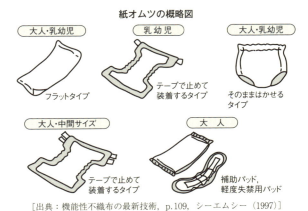

[出典：機能性不織布の最新技術，p.109，シーエムシー（1997）]

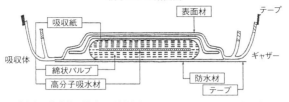

紙オムツの断面図

[出典：機能性不織布の最新技術，p.109，シーエムシー（1997）]

乾式パルプ不織布

（airlaid pulp nonwovens）（气流法制浆非织造布）
パルプを空気中に分散させ，加圧または吸引によってスクリーン上に集積し，1つまたは2つ以上の結合方法で作られた不織布（エアレイド法 参照）。

乾式不織布

（drylaid nonwovens）（干法非织造布）
カード機により（カード法），または空気中に分散させて（エアレイド法）シート状に集積し，1つまたは2つ以上の結合方法で作られた不織布。基本的に，カード法ではウェブ中で繊維がある一定の方向で配向し，エアレイド法ではウェブ中で繊維がランダムな方向に配向しているランダムウェブの構造となる。したがって，繊維がウェブ中で直交しているクロスウェブを作るには工夫が必要となる（エアレイド法 参照）。

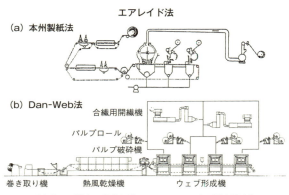

[出典:不織布の基礎知識, pp.34-37, 日本不織布協会]

乾式法

(dry laying)（干式铺设，由干燥纤维形成非织造布箔材的步骤）

乾燥した繊維からウェブを形成する工程。乾式法には，カード法とエアレイド法とがある。カード法はローラーカード機を用い，繊維塊をある方向に梳って薄いシート状のウェブを形成する方法である。ローラーカーディングの理論については古くから研究されており，ウェブの均斉度を CV＝1.0％以下とする工夫もなされている。エアレイド法は開繊した繊維を空気中に分散させ，それをスクリーン上に集積させて嵩高いウェブを形成させるものであり，ランダムな繊維配列のウェブが得られる。また，各種の機能性薬剤をスプレーして機能性を付加する方法も用いられている。

乾式紡糸法

(dry spinning)（干纺）

高分子を有機溶媒で溶解し，紡糸孔から高温の空気中へ吐出し，溶媒を揮発しながら延伸し，フィラメントを作る方法。

乾燥用シリンダー
(cylinder for dryer)（干燥机的圆筒）
乾燥機に用いる表面に穴のあいたシリンダー。

貫入抵抗
(penetration resistance)（穿透阻力）
ジオシンセティックスの面に垂直に作用する，比較的小面積の集中荷重によって生じる破壊に対する抵抗性。

か〜こ

寒冷紗（かんれいしゃ）
(victoria lawn)（珠罗纱，非常薄的布用于农业）
農業用に用いる非常に薄い布。日よけ，防虫，防寒等の目的で用いる。

緩和収縮
(relaxation shrinkage)（放松收缩）
与えられた変形が緩和して，元の状態に戻るために起こる収縮。

含気率
(porosity)（空气含量）
布の単位体積に含まれる空気量の割合。逆に，布の単位体積に含まれる繊維量の割合を体積分率（volume fraction）といい，両者を加えると100％となる。空隙率ともいう。

岩石繊維
(rock fiber)（岩石纤维）
ロックファイバーやロックウールとも呼ばれる岩石を材料とした繊維。

顔　料
(pigment)（颜料）
水や有機溶剤に溶けず，繊維に親和性のない色素。

き

キセノン耐光堅ろう度試験
(test for colorfastness to xenon arc lamp light)
（测试氙弧灯的色牢度）
キセノンアーク灯を光源とする光堅ろう度試験。

キチン繊維
(chitin fiber)（几丁质纤维）
キチンを主成分とする繊維で，カニやエビの外骨格
からキチンを抽出し，アミド系溶媒を用い，湿式紡
糸によって熱水中で凝固して作られる。

キックアップ
(kick-up)（踢起来）
ニードルパンチ機の針のバーブが，稜線より付き出
ている高さのこと。

キトサン含有繊維
(chitosan mixed fiber)（壳聚糖混合纤维）
キトサンを含有した繊維。キトサンは，キチンをア
ルカリ処理して作られる。

キャリヤー
(carrier)（媒质，聚酯染色辅助剂）
繊維構造の緻密なポリエステル染色用の助剤。

キャリヤーウェブ
(carrier web)（输送网）
加工段階で繊維集合体の移動を容易にし，保持する
ためのウェブ。

キュアリング

(curing)（熱処理）

繊維処理剤の重合，縮合，あるいは繊維との結合などの高温過熱によって促進される反応を行うための加熱処理。高温乾燥空気と蒸気による方法がある。

キュプラ

(cupra)（銅氨）

銅アンモニアレーヨンのことで，セルロースを水酸化銅アンモニウム溶液に溶解したのち紡糸した再生繊維。

キルティング

(quilting)（絎縫）

2枚の布の間に芯や詰め綿を入れて縫ったもの。キルト（kilt）と同意語。

ギャザー

(gather)（折裀）

紙オムツ等において，尿がオムツから漏れないように付けられた部品。

生　糸 (きいと)

(raw silk)（蚕丝）

いくつかの繭から繰糸して1本の糸とし，軽く撚りを掛けた未精練の糸。

起　毛

(raising)（起毛，磨毛）

布の表面を引き掻き起こして毛羽を出すこと。針布を用いた加工方法が主流。

基　布

(base cloth, backing cloth)（基布）

カーペットやパイル織物の地組織。タフテッドカー

ペットの基布にはパイルを植え付けるための第一基布と，カーペットの形態安定性などを向上させるための第二基布があり，不織布は第二基布に用いられる。

機械的接着法

(mechanical bonding)（机械结合）

物理的な力でウェブ中の繊維どうしを結合させる方法。代表的な方法として，繊維を交絡させるために特殊な形状の針を用いる方法（ニードルパンチ法）と，針の替わりに高圧ジェット水流を用いる方法（水流交絡法，スパンレース法，ウォータージェットパンチ法ともいう）とがあり，またウェブをフィラメント糸で縫う方法（ステッチボンド法）も含まれる。ニードルパンチ法による不織布は，嵩高で柔軟な感触であり，自動車内装材用，土木用をはじめとして用途は幅広い。しかし，寸法安定性に劣っており，その対策が必要である。水流交絡法による不織布は，繊維がルーズに絡み合った構造となり風合いに優れ，ウェットティッシュ，人工皮革の基材用，医療・衛生用，ワイパー用などに用いられている。また，水流の替わりに蒸気を用いた交絡法（SJ法，図参照）も開発されている。柔軟性が求められる不織布では，厚手の場合はニードルパンチ不織布が，薄手の場合はスパンレース不織布が適しているといえる。

機械方向（MD）

(machine direction)（机器方向，无纺布的生产方向（纵向））

不織布の製造方向（たて方向）のこと。

機能紙

(high performance paper)（高性能纸张）

新しい機能を有する紙のこと。機能紙は，「広義の

化学繊維からなる紙」および「天然セルロースから
なる紙の中でも，高機能・高性能をもつもの」の2
つを含む。

機能性繊維
（functional fiber）（功能性纤维）
特定の機能をもった繊維で，機能性繊維としては，
混合紡糸繊維，複合繊維，異形断面繊維，極細繊維，
高強度・高弾性率繊維，導電性繊維，高吸水性繊維，
帯電防止繊維，エレクトリック繊維，磁性繊維，電
気絶縁性繊維，酸素イオン伝導繊維，耐熱繊維，蓄
熱・発熱繊維，光伝導繊維，赤外線・紫外線遮蔽繊
維，吸着・分離繊維，水溶性繊維，抗菌・防臭繊維，
生分解性繊維などがある。

機能性付与
（adding of functionality）（功能性付与）
繊維業界において機能性を付与する方法は，通常，
次の3つが考えられている。
①後加工による機能性付与
素材自体は汎用品で，大量生産し，後加工で細
分化・多様化する。通常よく行われる加工は，印
刷，染色，エンボス加工，コーティング加工，ラ
ミネート加工などであるが，そのほかに柔軟加工，
コンパクト加工，撥水加工，帯電防止加工，衛生
加工，エレクトレット加工，プラズマ加工なども
用途に応じて行われる。
②高機能性繊維の使用
汎用品よりも優れた機能性を有する繊維を素材
として用いる。素材として高機能性繊維を使用す
ることは直接的であるが，この際に注意すべきは
素材のコストである．汎用繊維と比較し，機能性
繊維といわれるものは非常にコストが高く，よほ
ど付加価値の高い用途で用いられる製品にしか適
用できない。

混合紡糸繊維は複数のポリマーを混合して紡糸した繊維で，粒状混合と針状混合とがあり，単独のポリマーと比べ，帯電防止機能などの機能を付与することができる。複合繊維は，2種類以上のポリマーを連続したフィラメントとなるように紡糸して作った繊維で，バイメタル（サイドバイサイド）型，芯鞘型，多芯型，花弁型，多層型などがあり，最近，不織布用素材として用いられることが多くなった。芯鞘型複合繊維には，鞘部に低融点ポリマーを用いた不織布用バインダー繊維，高融点ポリエステルを芯部にポリエステル系エラストマーを鞘部に用いた複合繊維による通気性やクッション性に優れた不織布などがある。多芯，花弁，多層型の複合繊維は，紡糸後各成分に分離し，異形断面繊維や極細繊維となる。極細繊維は一般的には直径7.5μm以下の繊維を指すことが多く，人工皮革も含め，不織布用としてフィルター，ワイパー用などに比較的多く使用されている。

高強度・高弾性率繊維は，メタ系およびパラ系アラミド繊維，ポリアリレート（全芳香族ポリエステル），ポリパラフェニレンベンズオキサゾール繊維，超高分子量ポリエチレン繊維，アルミナ繊維，ホウ素繊維，炭化ケイ素繊維，ボロン繊維，ウイスカー，炭素繊維などがある。これらの繊維は耐熱性にも優れていることが多い。

③複合化

種類の異なる素材，製法，製品を複合化し，各要素のもつ機能を優性結合させ，新しい機能性を付与する。複合化は，2種類以上の要素を組み合わせることであり，種類の異なる繊維との複合化，異なる製法との複合化，不織布と紙，フィルム，織物，編物，木材，皮革などの異種素材との複合化などがある。異種繊維との複合化では，汎用繊維と機能性繊維を混合すること，あるいは液体状

もしくは粒状物質を不織布の空隙に挿入することにより，導電性，吸水性，抗菌性，難燃性などの機能を付与している。SMMS（スパンボンド／メルトブローン／メルトブローン／スパンボンド）は，異なる不織布製法の複合化の代表的な例である。

SSMMS の例：「Reicofil 5」（ハイロフト技術）

［出典：矢井田修；加工技術，**52**(9)，364（2017）］

逆浸透膜
(reverse osmosis membrane)（反渗透膜）
逆浸透圧によって物質を分離，ろ過するためのろ過膜。

逆流洗浄
(backwash)（反洗）
フィルターの洗浄を行う場合に，通常の使用時と逆方向に流体を流して洗浄する方法。フィルターの洗浄には，逆流洗浄と表面洗浄がある。逆洗ともいう。

吸音繊維
(sound absorbing fiber)（吸音纤维）
音のエネルギーを吸収し，熱エネルギーに変換して消失させる繊維。

吸　湿
(moisture absorbency)（吸湿性）
水蒸気（気液二層流）から水分を吸収すること。繊

維の水分率を計算する場合に用いる。

吸　尽
（exhaustion）（吸附）
染浴中の染料が，繊維との親和力によって吸収される現象。

吸水性
（water absorbency）（吸水性）
水（液体）を吸収することで，吸水速度，吸水率，飽和吸水量などで評価する。吸水速度の測定には，滴下法，バイレック法，沈澱法，ラローズ法などがある。

吸水テープ
（water-absorbing tape）（吸水胶带）
アクリル系の超吸水繊維による不織布を細幅に切断したテープで，光ファイバーの止水用に用いられる。

吸　着
（absorption）（吸收，吸附）
繊維の表面や界面で，分子やイオンが層の内部に比べて濃縮される現象。

吸着速度
（absorption rate）（吸收速度）
吸着して，平衡に達するまでの時間。

吸油マット
（oil absorbing mat）（吸油垫）
タンカーの海上事故などによって流出した油を吸収するためのマットで，ポリプロピレン製の不織布が用いられている。

給綿機

（hopper feeder）（料斗进料器）

原料繊維を一定量供給する機械。

共重合

（copolymerization）（共聚）

２種あるいはそれ以上の単量体が重合して，各成分を含む重合体を生じる反応のこと。

強　度

（strength）（強）

外力に対する抵抗力の大きさ。

強制対流乾燥機

（forced convection dryer）（强制对流干燥器）

加熱ガス体を，ブロアーにより強制的に循環させて乾燥を行う機械。熱風乾燥機（hot air dryer）ともいう。

凝　固

（coagulating）（凝结）

液体または気体が固体に変わること。

凝　集

（cohesion）（凝聚）

気体や液体中に分散している粒子が集合して，大きな粒子を作る現象。

曲率半径

（radius of curvature）（曲率半径）

曲線の曲がりの度合いを表わす曲率の逆数。

金イオン吸着ナノファイバー
(gold ion adsorption nanofiber)(金离子吸附纳米纤维)

金を含む廃製品などは，物理的な分別や粉砕過程を経て，王水，塩酸，硝酸，シアンなどの溶液に溶解される。溶液中の金イオンを表面化学修飾した，比表面積の大きなナノファイバーからなるフィルターは，金イオンを吸着還元し，金を析出させることが可能である。

金属蒸着ナノファイバー
(metal-deposited nanofiber)(金属沉积的纳米纤维)

エレクトロスピニングで作製されたナノファイバーの表面，もしくはこのナノファイバーをマスクとしてアルミなどの金属を蒸着することで，連続した金属蒸着ナノファイバー構造のフィルム状シートを作ることができる。

金属蒸着ナノファイバー

短い金属ナノファイバー

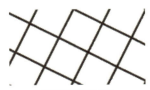

金属蒸着で作られた
ナノファイバーシート

[出典：産業技術総合研究所 技術資料]

金属繊維

（metallic fiber）（金属纤维）

金属を原料として作られた繊維。スチール，銅，アルミなどの繊維がある。

金属ナノファイバー

（metallic nanofiber）（金属纳米纤维）

金属ナノファイバーは，ナノデバイス用電子回路，触媒への用途から注目を集めている。金属ナノファイバーの作製としては，化学的な金属塩還元をミセルや多孔質アルミナにて行う方法，異方的な基板上に蒸着する方法，有機ナノファイバーを焼成する方法などがある。

金属ナノ粒子

（metallic nanoparticles）（金属纳米粒）

粒径数十 nm 以下の金属ナノ粒子になると，バルク体にない特異な性質を示す。その典型例が，表面プラズモン共鳴である。粒子径が数 nm から数十 nm の金属ナノ粒子は電子材料へのペースト材としても注目されている。

クーニット機

（kunit machine）（kunit 机）

ステッチボンド法 参照。

クーロン反発力

（coulomb repulsion）（库仑斥力）

電子はマイナスの電気を帯びているので，電子どうしがお互いに反発しあう力のこと（これは磁石のN極どうし，S極どうしの反発と同じ）。

クエンチング
（quenching）（急冷）

紡糸後のフィラメントを制御空気流で冷却すること。

クラウン・ニードル
（crown needle）（冠針）

ニードルパンチ機に使う針のバーブの位置が，各稜線の先端から同じ距離に付けられているもの。

クランク
（crank）（曲柄）

ニードルパンチ機に使う針の部分の名称で，針を固定させるために直角に折れ曲がった部分。

クランプ（虫）
（clump）（（纖維）束）

開纖不良のために生じるウェブ中の纖維のもつれ。

クリープ
（creep）（塑流）

物体に一定の力を加えて放置した時，時間の経過とともにひずみが増加する現象。

クリール
（creel）（筒子架）

整経機等のために取り付けたボビン掛けやボビンを置く棚。

クリーンルーム
（clean room）（无尘室，洁净室）

粉じんの量を制限した部屋。その清浄度によりクラス分けされている。

クリヤラー

(clearer)（清洗装置）

カード機の繊維屑除去用の清浄装置。

クリンパー

(crimping machine)（巻取机）

トウ，スライバーまたは糸に捲縮を与える装置。

クリンプ（捲縮）

(crimp)（巻曲）

単繊維の縮れ。捲縮数は単位長さ当たりの捲縮の数。捲縮指数は，捲縮時の長さと捲縮を伸ばした時の長さの比を百分率で表わしたもの。

クレープ

(crepe)（縮緬）

表面にしぼのある織物の総称。通常，強撚糸を用いて作る。デシン，縮緬などがある。

クロー値

(clo value)（clo 値）

着衣の保温力を表わす単位の1つ。1クロー値の衣服を着れば外気温が21℃で快適であり，2クロー値の衣服を着れば12℃，3クロー値の衣服では3℃でも快適となる。

クロスウェブ

(cross web)（跨网，纤维沿机器方向或宽度方向排列的织物）

ウェブ中で，繊維が機械方向と幅方向のどちらかに配列しているウェブ。

クロスガイド

(cloth guide)（布导）

布の進行経路を規制し，維持しあるいは走行を軽快

か～こ

にする部品。

クロスラッパー
(cross lapper) (将纤维沿宽度方向排列成织物的机器)
カードウェブをコンベヤーに直角方向に振り込み，繊維を幅方向に並べてクロスウェブを作る機械。クロスレイヤー (cross layer) ともいう。

クロスローラー
(cross roll) (滚压机)
ウェブ中の葉かすや種子片を粉砕・除去するために，ドッファーの後に設けられた一対の加圧ローラー。クラッシュローラー (crush roll) ともいう。

グラビアコーター
(gravure coater) (凹版涂布机)
グラビア製版されたロールを用いてコーティングする装置。

グラスウール
(glass wool) (玻璃棉)
融解ガラスを容器の細孔から遠心力によって吹き飛ばして繊維化したり，連続ガラス繊維を高速燃焼ガスによって吹き飛ばして繊維化したガラス繊維の綿。

グラフト重合
(graft polymerization) (接枝聚合)
重合反応を利用して，幹ポリマー分子の主鎖に，異種の枝ポリマー分子鎖を枝分かれ状に結合させること。

グリーンコンポジット
(green composites) (绿色复合材料)
ポリ乳酸などの植物由来の樹脂を，天然繊維で強化

した複合材料。

グレー
(gray, greige fabric) (整理治疗前的布料)
仕上げ処理前の布。

グレースケール
(grey scale) (灰度尺)
染色堅ろう度試験で，変退色や汚染の程度を判定するための色表見本。

グロー放電
(glow discharge) (辉光放电)
低圧（大気圧の100分の1程度）の気体中で生じる持続的な放電現象。

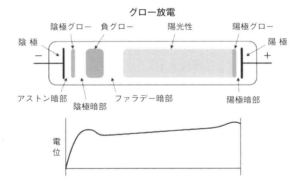

空気抗力
(air drag) (空气阻力)
空気中を運動する物体に，空気がおよぼす抵抗。

空気式ラップ重量調節
(pneumatic lap weight control) (气动式重量控制)
ラップの重量を空気圧で制御すること。

空隙率 （x）

（porosity）（孔隙率）

単位体積当たりの隙間の割合を百分率で表わした
もの。

$$x = \frac{v}{V}$$

ここで，Vは総体積（m^3），vは隙間の体積（m^3）。

空調用フィルター

（air filter）（空气过滤器）

空調用に用いられるフィルターで，不織布独自の細
孔構造がフィルターに適している。

屑毛，屑綿

（waste）（废物，纤维碎片）

製造工程中から出る繊維屑。

屈曲摩耗強さ

（flexing abrasion resistance）（弯曲耐磨性）

試料を屈曲することによって，一定長の部分を摩擦
した時の耐久力。

屈折率

（refractive index）（折射率）

光が，媒質1から媒質2との境界面に入射して屈折
する時，入射角 i と屈折角 r との間に成り立つスネ
ルの法則 sin i/sin r＝n において，n を媒質2の媒
質1に対する屈折率という。

組　物

（braid）（编织）

組むという作用によって作った布。製品の長手方向
に対し，左右とも斜めに糸が走って交差した布。

繰り返し応力

（cycle stress）（循环压力）

繰り返し与えられる応力。

け

か～こ

ケナフ

（kenaf）（红麻）

アオイ科フヨウ属の一年草の植物で、生長が早く、また二酸化炭素の吸収能力が高いために、環境にやさしいといわれている。紙の原料として用いられている。

ケミカルボンド法

（chemical bonding）（化学键合）

ウェブ中の不織布を接着剤で接着して不織布を作る方法。接着剤として、ポリビニルアルコール（PVA）、ブタジエンアクリロニトリル共重合体（MBP）、ポリアクリル酸エステルなどが用いられる。化学的接着法ともいう。

ケミカルリサイクル

（chemical recycle）（化学回收）

廃棄され回収された繊維などを化学変化させて、原料として再利用すること。

ケラチン

（keratin）（角蛋白）

羊毛の主成分であるタンパク質。αケラチンとβケラチンとがある。

ゲージ

（gauge）（轨距，纺织机滚筒之间的间距）

一般に、繊維機械のローラー間の間隔をいう。針の

場合は太さを表わす番手のこと。

ゲル紡糸
（gel spinning）（凝胶纺丝）
紡糸の途中でゲル状の物質を経由することを利用して，高性能繊維を作るための紡糸方法。

ゲルボフレックス法
（gelbo flex method）（扭曲测试仪（干态落絮测试仪））
不織布から発生するリント（脱落繊維）量を試験する方法。

けん化
（saponification）（皂化）
エステルが加水分解し，酸とアルコールに分解すること。

毛 羽
（fluff, fuzz, hairness）（毛羽）
糸や布表面から突き出した繊維。

毛 房
（tuft）（毛房）
短繊維が並行して束になっているもの。

毛焼き
（singeing）（烧毛）
布表面の毛羽に高温ガスの炎を瞬間的に当てて焼き取り，布表面を平滑にすること。

外科手術用ガウン
（surgical gown）（手术服）
外科手術の際に医師が着用するガウンで，快適性とバクテリアバリア性が要求される。メディカルガウ

ンともいう。

外科手術用マスク
（surgical mask）（手术口罩）
外科手術の際に医師が着用するマスク。

形態安定性
（dimensional stability）（尺寸稳定性）
布がその幾何学的形状を保持する性質。

か〜こ

計数法
（counting method）（计数法）
フィルターの試験方法で，ダストカウンター（粒子数計測器）を用いて測定前後の粒子の個数で評価する。

蛍光増白剤
（fluorescent brightner）（荧光增白剂）
青緑色の蛍光を発する化合物。これを繊維に吸着させて，素材を白く見せるために用いられる。

欠　点
（defect）（缺陷）
製品に現われる，広い意味でのきずまたは不良部分。きず，欠陥，不良個所，罰点ともいう。

結晶化度
（degree of crystallinity）（结晶度）
高分子中で全体に占める結晶領域の重量比率。結晶度ともいう。

結晶性高分子
（crystalline polymer）（结晶聚合物）
分子鎖が規則正しく配列して結晶化しうる高分子。それに対して，分子鎖が規則正しく配列するのが困

難で，結晶化しない高分子を非晶性高分子あるいは
無定形高分子という。

研磨材
(abrasives)（磨料）
材料を磨いたり，すり減らしたりするために用いる
硬質材の総称。

研磨フェルト
(buff felt)（研磨毡）
砥粒を付けるなどにより，金属やガラスなどを磨く
フェルト。

検　反
(cloth inspection)（布检查）
布地の欠点（傷や汚れ）などを検査すること。

捲　縮
(crimp)（巻曲）
クリンプ　参照。

捲縮繊維
(crimped fiber)（巻曲纤维）
捲縮した形状の繊維。繊維を捲縮させることにより，
嵩高性や伸縮性を付与することができる。

捲縮率
(crimp percent)（巻曲百分比）
繊維が捲縮を生じた時，その縮み量の元の長さに対
する比率。

牽　切
(stretch breaking)（拉断）
トウなどを延伸して切断すること。

牽切機

（perlock machine）（拖车切割机）
トウを延伸切断してスライバーを作る機械。

原液着色繊維

（dope-dyed fiber）（未稀释的着色纤维，涂料染色的纤维）
紡糸原液や溶融ポリマーに，顔料や染料などの着色剤を加えて紡糸した繊維。原着繊維ともいう。

原　反

（roll goods, gray）（原创面料，卷制品）
製造後，ロール状に巻き上げた布，または染色加工する前の布地。

減量加工

（peeling treatment）（减重处理，用于溶解和去除纤维表面的一部分并改善质地的方法）
繊維の表面の一部を溶解除去し，風合いの改良をする目的で用いられる加工。

こ

コーティング

（coating）（涂层）
布の表面に高分子物質を塗布し，乾燥またはキュアリングすること。

コスメティック

（cosmetic）（化妆品）
化粧品のことで，不織布が美容用として多用されている。

コニカル・ブレード
(conical blade)（圆錐形刀片）
ニードルパンチ機に用いる針で，ブレード部が針先から徐々に太くなり，針折れを少なくする目的で作られたもの。

コラーゲン
(collagen)（胶原）
動物の皮革などの主成分であるタンパク質。

コラーゲン繊維
(collagen fiber)（胶原纤维）
コラーゲンをアルカリ溶液で溶かして紡糸した繊維。

コリオリの力
(coriolis force)（科里奥利部队）
回転している座標系において，運動している物体のみに働く見掛けの力のこと。

コロイド
(colloid)（胶体）
膠質（こうしつ）ともいい，分子より大きいが微細な粒子が分散している状態。水中での拡散速度は非常に遅い。

コロナ放電
(corona)（电晕放电）
気体中で2つの導体間の電圧を高めていくと火花を生じるが，火花以前に導体表面上の電場に発光放電が現われる。この発光放電をコロナ放電という。コロナ放電によって流れる電流は小さく，数 μA 程度である。

コンディショニング

(conditioning)（准备操作条件稳定）

条件安定のための準備操作。繊維の場合は，温湿度を所要条件に安定させる準備をいう。

コンバーター

(converter)（执行非织造布中间工序的承包商）

ロールで供給された不織布からの最終製品の製造，およびスリッティング，染色などの中間工程を行う業者。トウからスライバーを作る機械。

コンパクト加工

(compacting)（打包，压实）

布地を，長さ方向に機械的に押し込むことにより加圧圧縮する加工。

コンプライアンス

(compliance)（挠性）

弾性係数の逆数。

固　着

(fixation)（固着）

仕上剤や染料を安定な状態で繊維状に固定すること。

工業資材用不織布

(nonwovens for technical use)（工业资料非织造布，用于工业材料的非织造布）

工業資材として使用されている不織布製品には，研磨材，吸油材，静止フェルト，耐熱クッション，コンクリート型枠用ドレーン材，水切り材，断熱材，防振材などがある。不織布製研磨材は，不織布の柔軟性，3次元的構造と砥粒の保持性を活かした製品である。

工業用ワイパー
(wipes for technical use)（工业用揩抹器）
油，印刷インク，粉じんなどを拭き取るワイパー類で，一般工場，クリーンルーム，食品工場，病院などで使用されている。工業用ワイパーに使用されている不織布は，クリーンルーム用では湿式スパンボンド，メルトブローン不織布で，一般工業用では乾式パルプ，湿式，サーマルボンド，メルトブローン不織布が使用されている。

孔 径
(pore size)（毛孔大小）
フィルターや不織布の網目の大きさを孔径と呼ぶ。また，ゼオライトなどの多孔体の孔の大きさにも用いられる。小さな孔径の測定は，ガス吸着法により分子サイズ～数百 nm の測定が可能である。水銀ポロシメータは，材料に濡れにくい水銀を加圧し，試料に圧入する量から細孔分布を求める方法で，数 nm～数1,000 μm の細孔分布を短時間に測定できる。

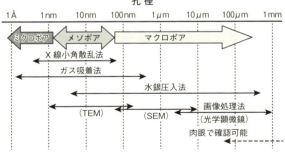

叩 解（こうかい）
(beating)（打浆）
製紙工程で，原料であるパルプを水中で叩き，パルプ繊維を切断し，ほぐすこと。

交 絡 （絡み合い）
（entanglement）（纠葛）
機械的または高圧水流によって，繊維どうしを絡ませて結合すること。

光 沢
（luster）（光泽）
物体の表面が滑らかな時，一定方向から入射する光が特定の方向に反射している状態。

抗菌・防臭加工
（anti-bacterial finishing, deodorant finishing）
（抗菌和除臭处理）
繊維に抗菌剤を付着させ，菌の増殖を抑制することにより，防臭効果を与える加工のこと。

後端フック
（trailing hook）（尾端弯钩）
工程の進行方向に対しての繊維後端の曲がり。

高圧染色
（pressure dyeing）（高圧染色）
大気圧中の水の沸点（100℃）以上に染液の温度を高めるために，耐圧密閉式染色槽中で行う染色。

高機能剤
（high functional agents）（高功能剤）
不織布に付加的な機能を与えるために用いられる薬剤。

か〜こ

高機能剤

分類	使用目的	主なタイプ
難燃剤	易難化性繊維を難燃化し, 自動車資材等の用途拡大する	リン系, ハロゲン系, アンチモン系
抗菌防臭剤	雑菌の繁殖を防止し, 生活資材等の用途拡大する	銀, 銅, 亜鉛系, 有機リン系
消臭剤	悪臭を吸収・分解し, フィルター等の用途拡大する	セラミック系
撥水性	繊維の表面張力を拡大し, 水分の付着を防止する	シリコーン系, フッ素系
親水性	繊維の表面張力を低下し, 水分の付着・吸水を促進する	PEG系
柔軟性	繊維間の摩擦抵抗を低下させ, 風合をソフトにする	ワックス系, シリコーン系
帯電防止剤	摩擦による帯電を防止し, 粉じん等の付着を防止する	PEG系, 金属系
防汚剤	繊維表面の平滑性等を改善し, 粉じん等の付着を防止する	シリコーン系, フッ素系

高周波接着法
(high-frequency welding)（高频焊接）

高周波によって繊維表面を加熱溶融し, 接着する方法。芯地の接着などに用いられる。

高性能フィルター
(high performance filter)（高性能的过滤器）

クリーンルームなどにおける1μm以下の塵埃に対して, 高いろ過, 集じん性能のエアフィルターをい

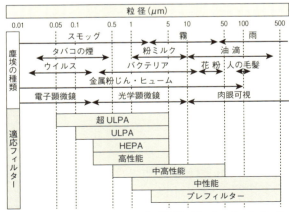

塵埃の種類と適応フィルター

HEPA：High Efficiency Particulate Air ／ ULPA：Ultra Low Penetration Air

う。高性能フィルターは，一般にはガラス繊維のろ紙が用いられる。高性能フィルターは99％以上の集じん効率があるが，高性能フィルターを使用する場合は前置フィルターを配置し，あらかじめ大きい粒子の塵埃を除去した後，このフィルターを通過させる。

高速度カメラ
(high speed camera)（高速摄影机）
ナノファイバーのスピニングされている現象を観察するには不可欠である。1/1,000s 程度の速度で追跡できれば観察可能である。

高速紡糸
(high-speed spinning)（高速纺纱）
溶融紡糸において，紡糸速度が2,500～4,000 m/min の紡糸方法。湿式紡糸では1,000～2,000 m/min を指すことがある。

高電圧発生器
(high voltage generator)（高压发生器）
エレクトロスピニングによるナノファイバー作製には不可欠である。電圧が30kV まで発生できればよい。電圧は可変できる必要がある。電圧量と電流量は，デジタルもしくはアナログで表示される必要がある。電流量は0.03～0.3mA で十分である。基本的には，電流はほとんど流れない。また，スパーク（火花放電）を起こしても装置が壊れない安全回路を内蔵しているものが望ましい。

高分子
(polymer, high polymer)（高分子）
一般に，分子量が10,000以上の分子。形状により，1次元高分子（線状高分子，鎖状高分子），2次元高分子（板状高分子），3次元高分子（ネットワー

ク高分子）に分類される。

高分子ゲル
(polymer gel)（聚合物凝胶）
高分子ゲルは，高分子が架橋されて3次元の網目構造を形成し，内部に水や溶媒などの流体を保持したもの。ゼリーやコンニャクなどの食品，紙オムツなどの高吸水性樹脂，コンタクトレンズなどもゲルである。

高密度ポリエチレン
(high density polyethylene)（高密度聚乙烯）
エチレンを重合して得られる重合体のうち，酸素を触媒として高圧下で重合する低密度ポリエチレンに対し，金属などの固体触媒を用いて中圧および低圧で重合して得られる。

硬　度
(hardness)（硬度）
物質の硬さのことで，モース，シャルピーピッカーズなどの単位がある。水に含有する塩類の量の表示もある。

鉱物繊維
(mineral fiber)（矿物纤维）
天然繊維の中で鉱物を原料とする繊維。アスベスト（石綿）が代表的な繊維。

合成繊維
(synthetic fiber)（合成纤维）
石油，石炭，水，空気などを原料として高分子を合成し，それを繊維状に紡糸して作った繊維。

合成皮革

（synthetic leather）（合成革）

化学繊維や天然繊維からなる基布に樹脂をコーティングしたもので，基布に特殊不織布を用いていないもの。

剛性率

（modulus of shearing elasticity）（剪切弾性模量）

せん断応力とせん断ひずみとの比であり，せん断による変形のしやすさの尺度。せん断弾性率，横弾性係数，ずれ弾性係数ともいわれる。せん断応力を τ，せん断ひずみを γ として，剛性率 G は，$G = \tau/\gamma$ で表わされる。

剛軟度

（bending resistance）（抗弯剛度）

曲げ変形に対する抵抗の度合い。

極細繊維

（microfiber）（超細纤维）

一般に，0.6dtex（デシテックス）よりも細い繊維を指す。

混　繊

（intermingle）（混合纤维）

種類の異なるフィラメントを混合すること。

混打綿機

（blowing and scotching machine）（开棉机）

梱包された原綿を開俵し，夾雑物を除去し，繊維塊をほぐす装置。

混　紡

（mixed spinning）（混纺）

異なる種類の繊維を混ぜて紡績すること。

か〜こ

さ 行

さ

サーマルボンド法（熱接着法）
（thermal bonding）（热粘合）

低融点の繊維（バインダー繊維）や2成分繊維あるいは溶融用添加物（粉末状，ネット状，フィルム状）をあらかじめ混入しておくか，もしくはスプレーガンを用いてウェブに噴霧しておき，ウェブを加熱空気（スルーエア法）あるいは加熱カレンダー機（カレンダー法）を用いてウェブ中のそれらを溶融させ，繊維どうしを融着する方法である。ヒートボンド（heat bond）ともいう。最近では，超音波接着法やレーザー接着法の開発も進んでいる。衛生材料，芯地，生活用品，医療材料などが主要な用途である。

サーマルリサイクル
（thermal recycle）（热循环）

熱リサイクルのことで，熱エネルギーとして再利用すること。

サイザル麻
（sisal fiber）（剑麻纤维）

サイザルから採取される葉脈繊維の一種。綱等の産業資材に用いられる。

サクションドラムドライヤー
（suction drum dryer）（吸鼓干燥器）

表面がメッシュ状の細孔で覆われた大型の筒型乾燥機。

サニタリーナプキン
(sanitary napkin) (生理用卫生巾)
女性の生理用ナプキンで，カバーストックやSAP
（超吸収ポリマー）を含む吸収部分，サイドギャザー
などに不織布が用いられている。

サンフォライジング
(sanforizing) (机械预缩整理)
防縮加工法の１つで，カレンダーで蒸気を加えなが
らセットする。

さ〜そ

再生繊維
(regenerated fiber) (再生纤维)
天然に存在している高分子を原料として，化学構造
を変えずに繊維状に作り変えたもの。植物から作ら
れるセルロース系再生繊維と，ミルクや大豆から作
られるタンパク質系再生繊維とがある。

細菌透過効率
(bacteria filtration efficiency) (细菌过滤效率)
細菌の透過の程度を示す値。アメリカのFDAの基
準は，手術用マスクで95％以上である。

細孔径分布
(pore size distribution) (孔径分布)
不織布中の細孔の大きさの分布。スパンレース不織
布の細孔径分布曲線の一例を，次の図に示す。
開孔径の小さい不織布に対しては，パームポロメー
ターを用いて細孔径を測定する場合が多く，タテ軸
に頻度，ヨコ軸に平均細孔径をとって表示する場合
と累積分布で表示する場合がある。その他にも，大
きさの異なる小さなガラスビーズを幾種類か用いて
測定する方法もあるが，この場合は平均細孔径だけ
がわかる。また，細孔径分布に関して，平均空孔面
積（a_m）として次のように表わすこともある。

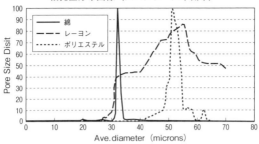

[出典:生活造形, **47**, 48 (2002)]

$$a_m = \pi \cdot \kappa \cdot d_f^2/(1-\kappa)^2$$

ここで，κは不織布の空隙率，d_fは繊維の直径。

産業廃棄物

(industrial waste)（工业废物）

産業活動によって工場などから排出された19種類の廃棄物の総称。

産業用繊維資材

(technical textiles)（工业纺织材料）

産業用途では衣料用途と異なり，人間の感性に関連するファッション性や色・柄，風合いなどは一般的に副次的な要因であり，機能性とコストが最重要視されることが多い。したがって，産業用繊維資材の商品価値（V）を

価値（V）＝機能性（F）／コスト（C）

という簡単な式で表わして評価する方法が用いられている。この式中の，機能性（V）とコスト（C）の増減の程度の組み合わせによって，その製品の商品価値（V）の変化のパターン分類が可能となり，これまで過去に開発した商品の市場における販売傾向を参考にすることにより，新しく開発する商品の将来を予測することができる。

産業用不織布
（technical nonwovens）（工业非织造布）

産業用に用いられる不織布の総称。産業用繊維資材
に求められる性能は，用途によって異なるが，強さ，
タフネス性，高弾性率，耐久性，耐熱性，耐候性，
撥水性，吸水性，防水性などが一般的に要求される。
産業用不織布で拡大が期待されている分野と用途を
まとめると，次のようになる。

①環境分野
　生分解性繊維材料，大気・水汚染浄化用フィル
　ター，廃棄物処理場保護マット，緑化用保護シー
　ト，海水淡化用膜，オイル吸着材

②医療・福祉分野
　人工臓器用繊維材料（人工血管，人工腎臓，人工
　皮膚など），縫合糸，介護用繊維材料（オムツ，
　シーツ，寝具など）

③情報・通信分野
　光ファイバー，プリント配線板印刷スクリーン，
　トナーフィルター，クリーンルーム用繊維製品

④土木・建築分野
　ジオテキスタイル，コンクリート補強用繊維，ア
　スベスト代替繊維，防炎材，防音材

⑤資源・エネルギー分野
　ウラン捕集用膜

⑥農林・水産分野
　人工培地，人工漁礁，魚網等水産用具類

⑦運輸・交通分野
　高強度・軽量複合材，耐熱材，天然ガス車用天然
　ガスタンク，燃料電池用セパレーター，吸音・遮
　音材

さ～そ

酸化タングステンナノチューブ
(titanium oxide nanotubes)（氧化钛纳米管）

簡便な水熱法で合成されたナノチューブは，酸化タングステンの微結晶の集合体からなり，壁面にナノメートルオーダーの細孔が存在するナノポーラス構造をもつ。ナノポーラス構造をもつため比表面積が大きく，それによって高い光触媒活性を示す。

酸化タングステンナノチューブ

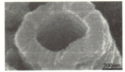

［出典：http://www.aist.go.jp/aist_j/press_release/pr2008/pr20080804/pr20080804.html］

酸化チタン
(titanium oxide)（氧化钛）

代表的な光触媒活性物質であり，①強い酸化作用，②超親水作用をもつ。光触媒として使用されている酸化チタンは，主にアナターゼ型と呼ばれる結晶構造をもつものが使用される。

酸化チタンナノ粒子
(titanium oxide nanoparticles)（氧化钛纳米粒子）

酸化チタンナノ粒子は，一般の白色顔料用酸化チタンに比べてはるかに小さい10～50nmの粒子径を有する超微粒子であるため，優れた紫外線カットと高い透明性などのような特徴ある性質をもつ。

酸性染料

（acid dye）（酸性染料）

酸性基をもつ染料。動物繊維やポリアミド繊維の染色に用いる。

し

シスチン

（cystine）（胱氨酸）

含硫アミノ酸の1つ。

シャンク

（shank）（刺针）

ニードルパンチ機で用いる針の，ボードに埋め込まれる根元の太い部分。

シリカナノファイバー

（silica nanofiber）（二氧化硅纳米纤维）

シリカナノファイバーは，金属アルコキシドである $Si(OC_2H_5)_4$（Tetra Ethoxy Silane：TEOS）の加水分解，縮重合を用いて，適度のゾル状態の無機・有機金属塩溶液を，エレクトロスピニング法を利用してナノファイバーを作製し，それを焼成することで得られる。

シリンジ

（syringe）（注射器）

溶液を蓄える部分。通常は PP 製のディスポシリンジを用いる。ピストン部にゴムを用いた注射器は，溶媒に溶解しやすいので注意が必要である。シリンジは5〜50mℓ が使いやすい。

さ〜そ

シリンダー
(cylinder)（圆筒）
カード機の中央にある大径のローラー。メインシリンダーともいう。

ジオシンセティックス
(geosynthetics)（土工合成材料）
土木用に用いられる高分子材料の製品の総称。ジオシンセティックスの分類を次に示す。

ジオシンセティックス製品の分類

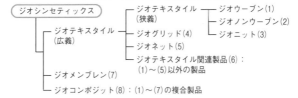

ジオテキスタイル
(geotextile)（土工布）
土木用に用いられる繊維製品の総称。土木の用途により，各種の製品が作られている。最近では，ジオシンセティックスとして体系化され，分類されている (JIS L 0221)。ジオシンセティックスに要求される機能は，排水，ろ過，分離，補強，保護，遮水である。排水とろ過機能は同時に要求されることが多く，適度の空隙率をもつ不織布が使用されている。

ジオノンウーブンズ
(geononwoven)（用于土木工程的非织造布）
土木用に用いられる不織布。ジオノンウーブンズの用途と必要性能を次に示す。

土木用不織布の用途と必要機能

対象土構造物	目的		備考	排水	ろ過	分離	補強	その他
地下排水工	砕石併用トレンチ排水		自然骨材併用	◎	◎	○		
	縦型暗渠			◎	○			
	有孔管暗渠		排水パイプ，有孔管併用	◎	◎	○		
路盤・路床	水平遮断排水		水位低下，浸透水排除	◎			◎	○
	層間分離（道路）					◎	○	
	噴泥防止（鉄道）					◎	○	
	凍上抑制層形成材					◎	○	
	防水路盤の排水層					◎	○	
	仮設道路わだち掘れ防止						○	
舗装	インターロッキング基礎砂分離材					◎	○	
	リフレクションクラック防止		既設舗装補修				◎	遮水○
	防水・はく離防止材		排水性舗装	◎				
盛土	のり面	雨水排水	表層すべり防止	○				○
		層厚管理材（JR粘性土用）	路肩補強				○	
	盛土体	水平排水（厚密排水）	高含水比盛土，畦畔盛土	◎				○
		袋詰盛土工法				○		
		排水補強材		○				
覆土埋立土	基礎地盤	水平排水	サンドマット代用なたは併用	◎		○		○
		垂直ドレーン	プラスチックドレーン	◎	◎			○
		プラスチックドレーン被覆材				◎		
		軟弱地盤表層処理	表層処理工法，覆土工法	○		○	○	
		サンドマット層低減工		○		○	○	
		パイルネット工併用不同沈下防止	その他基礎杭工法にも適用可				○	
堤防・護岸	のり面	吸出し防止　河川		○		○		○
		吸出し防止　港湾		○		○		○
		止水シート保護	クッション材	○				保護◎
	堤体	鉛直遮断排水	フィルダム	◎				○
	基礎地盤	のり先の洗掘防止	自然骨材併用	○				○
		垂直ドレーン	鉛直ドレーン材	◎				○
構造物裏込め	背面排水			◎				○
埋設管基礎	基礎砂の分離材		砕基礎併用			○		○
連続セル構造	蛇かご表面分離材		マット状，蛇かご			○		
貯水池	脱水処理（底泥脱水工法）		BDF工法	○	○			○
	袋詰脱水工法		混合補強土研究会		○			○
処理池	止水シート裏面保護・排水		湧水，浸透水，ガス処理	◎				保護◎
のり面保護工	浸食防止							◎
	袋状型枠		布製型枠				○	◎
防草	道路用							◎
	のり面用							◎
	JH用（抑制）							◎

［出典：機能性不織布の新展開，p.205，シーエムシー（1997）］

ジオメンブレン

(geomembrane) (用于土木工程的薄膜类产品)

土木用に用いられる透水性の極めて小さい，または不透水性の膜状製品の総称。

し わ

(crease, wrinkle) (皱纹)

布に生じた好ましくない折目状あるいは波状の変形。

仕上加工

(finishing) (完成加工，精加工)

布に対して，製品として必要な性能を付与するために行われる加工。不織布に対しては次表のような仕上加工がある。

不織布の仕上加工法

加工方法	物理化学作用	加工結果		応用例
物理的処理加工 艶付プレス	圧縮作用	表面構造変化	→ 平滑化	コンパクト・プレス
エンボスプレス	変型固定	集合構造変化	→ 外観変化	賦形, エンボス
コンパクト加工	押込作用	〃	→ 防縮賦形化	風合改良反収縮制御
柔軟加工	揉み作用	〃	→ 柔軟ルーズ化	生地ドレープ性向上
ニードルパンチ	フェルト化	〃	→ 自己結合緻密化	生地結合
ヒートセッティング	熱処理作用	繊維性能度化	→ 熱可塑性結晶化	各種セット加工
化学的処理加工 ボンディング加工	両面性能付与	複合物性付与	→ 多様化効果	各種複合地
ラミネート加工	ライニング物性付与	〃	→ 補強特殊化	表面被覆高付加複合地
コーティング加工	表面性付与	〃	→ 外形物性変化	表面被覆高付加複合地
防汚加工	側鎖による変性	処理剤結合付着	→ 界面の性質の変化	防汚加工地
撥水加工	二次結合付着	〃		撥水加工生地
帯電防止加工	側鎖による変性	〃	→ 付着析出	静電防止生地
防火加工	吸着付着	〃	→ 吸着効果	防火防炎難燃加工
防虫加工	〃	〃		ウール不織布防虫地
衛生加工	〃	〃		防菌防臭地
泡樹脂加工	発泡樹脂液膨充	〃	→ 一体, 補強化	レジン接着不織布の生産性向上
ハイテク技術応用加工 マイクロ波応用	極超短波照射	瞬 間 加 熱	→ エマルジョン破壊湿熱架橋	レジン, マイグレーション防止, 乾燥効率向上
超音波応用	超音波エネルギー	ホーン振動加熱	→ 繊維融着, 裁断	不織布部分融着
遠赤外線応用	遠赤外線放射	遠赤外線放射体の内部繊維込結合吸着	→ セラミック効果	防寒用断熱材など
紫外線応用	紫外線吸収反応	紫外線感応レジン付与	→ 架橋効果	接着コーティング剤の架橋
低温プラズマ応用	重合作用	三次元網目構造	→ 〃 (グラフト重合)	コーティング樹脂架橋生地表面改善など

[出典：不織布の基礎と応用, 日本繊維機械学会 (1993)]

仕上剤

（finishing agent）（用于完成加工的药物）
仕上加工に用いる薬剤。

紫外線安定性

（ultraviolet stability）（紫外线稳定）
紫外線劣化に対して抵抗性があり，性能があまり変化しないこと。

紫外線遮蔽繊維（UV カット繊維）

（ultraviolet cut fiber）（紫外线遮断纤维）
紫外線の通過を防ぐ繊維。

紫外線分光法

（ultraviolet spectroscopy）（紫外光谱）
紫外線スペクトル吸収率を測定することによって，物質の性質や構造などを調べる方法。

自動車用フィルター

（filter for car）（汽车过滤器）
自動車に用いられるフィルター。各種のフィルターが用いられている。

自動車用フィルター

フィルターの種類	一般タイプ	不織布タイプ
①エンジン用エアクリーナー	ろ紙	レジンボンドタイプ，サーマルボンドタイプ
②エンジン用オイルクリーナー（オートトランスミッション用含む）	ろ紙（メッシュ状織物）	一部レジンボンドタイプ（開発中）
③キャビンフィルター	—	サーマルボンドタイプ
④室内空気洗浄器用フィルター	ガラスろ紙	メルトブロータイプ
⑤排気フィルター（キャニスター）	—	レジンボンドタイプ，ニードルフェルトタイプ
⑥エアーポンプ用フィルター	—	ニードルフェルトタイプ
⑦燃料フィルター	メッシュ状織物	開発中
⑧冷媒用フィルター（レシーバー）	—	PET 系ニードルフェルト

［出典：これからの自動車とテキスタイル，p.78，繊維社（2004）］

自動車用不織布

(nonwovens for vehicle)（汽车非织造布）
自動車における不織布の使用量は非常に多く、自動車内装材（フロアーマット、ドアトリム、トランクマット、天井材、リアパーセル、ヘッドレスト、ボンネット裏材、サンバイザーなど）とフィルター（エアクリーナー、オイルフィルター、室内清浄フィルター、エンジン吸気フィルター、など）に大別される。

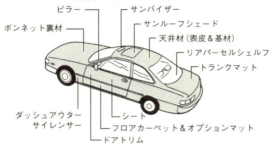

不織布が使われる自動車内装材

[出典：これからの自動車とテキスタイル，p.75, 繊維社 (2004)]

地合い

(uniformity)（整个非织造布的质量分布状态）
不織布全体の質量分布の状態。

色素増感太陽電池

(dye sensitized solar cell)（染料敏化太阳能电池）
色素増感太陽電池は、①酸化チタン多孔膜に吸着している色素が光を吸収する。②色素から電子が酸化チタンナノ多孔膜に移動する。③酸化チタンナノ多孔膜に注入された電子は、透明電極と外部回路を通って対極に移動する。④対極の表面で、電子は電解液中のヨウ素（I_2）に渡され、ヨウ化物イオン（I^-）になる。⑤ヨウ化物イオン（I^-）は、光を

吸収して酸化された色素に電子を渡し,色素が再生すると同時に,ヨウ化物イオンは再びヨウ素（I_2）となる。これが繰り返されて,光のエネルギーは電気エネルギーに変換される。

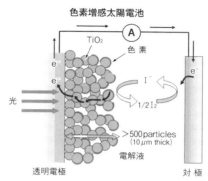

[出典：http://www.peccell.com/shikiso.html]

湿式スパンボンド
（wet spunbonding）（湿紡粘）
湿式紡糸法で製造されたスパンボンド。製造法の一例を次に示す。

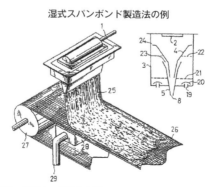

[出典：不織布の製造と応用, p.94, シーエムシー（2000）]

湿式太陽電池
(wet solar cell)（湿太阳能电池）
光電極，電解質溶液，対極の3つから構成される電池。溶液を使用することから，シリコン太陽電池のような乾式太陽電池に対して湿式太陽電池という。TiO_2などの酸化物半導体電極を使用した色素増感太陽電池が有名である。

湿式不織布
(wetlaid nonwovens)（湿法非织造布）
抄紙方式で，繊維を水中に分散させ，それらをシート状に集積し，1つまたは2つ以上の結合方法で作られた不織布。紙を製造する抄紙法とほぼ同じで，短繊維を希薄濃度で水中に均一に分散させ，その繊維懸濁液をスクリーン上に漉き取って薄いシート状のウェブを形成する。スクリーンは傾斜したワイヤーベルトあるいはシリンダーの形状であり，その上に繊維懸濁液が注入される。漉き取られたウェブはローラー間でほとんど脱水され，その後，乾燥機で十分乾燥される。この方法では，均一な分散を得るために非常に短い繊維（繊維長が2〜6mm）を用いるが，繊維はほぼランダムに配向する。しかし，最近ではより長い繊維を用いて湿式不織布を製造する試みがなされている。湿式法による不織布は，主として低コスト大量消費型の製品に使われている（ウェブの形成工程　参照）。

湿式紡糸
(wet spinning)（湿纺）
ポリマーを溶媒に溶かし，ダイから凝固浴中へ押し出して凝固させ，さらに延伸してフィラメントを作る紡糸方法。

湿潤強力
（wet strength）（湿強度）
湿潤した時（濡れた状態）の強力。

湿潤剤
（wetting agents）（潤湿剤）
湿潤作用を促進させる薬剤。

絞りロール
（squeeze roll）（挤压辊）
絞りに使われるロールで，ゴムやエボナイトなどで
被覆したロールや金属ロールがある。

車載 LAN
（digital networks in the automotive vehicle）
（车载 LAN，汽车中的数字网络）
自動車の中に張りめぐらされている LAN（ネット
ワーク）のこと。複数の電子制御ユニット（ECU）
が，伝送速度や通信プロトコル（CAN は，車載
LAN の中でも現在事実上の標準となっているプロ
トコル）の異なる複数の車載 LAN でつながり，互
いに情報をやりとりしながら協調制御して，より高
付加価値な機能を生み出している。車内 LAN は，
基幹ネットワークをはじめ，パワートレイン系，
シャーシ系，ボディ系まで広く使用されている。

遮 水
（sealing）（不透水，阻水，密封）
水の移動を遮断すること。

収 縮
（shrinkage）（收缩）
布の長さや幅が短くなること。

柔軟加工

(softening)（柔軟整理）

布に，柔軟平滑な触感としなやかさを付与するための加工。柔軟剤を用いる方法と機械的に行う方法（打布，揉布）とがある。

重合度

(degree of polymerization)（聚合度）

単純な構造単位を繰り返して結合する（重合）時の，構造単位の繰り返し数。

重量法

(gravimetric method)（重量法）

フィルターの試験方法で，測定前後のフィルターの重量差を測定する。

縮　充（縮絨）

(felting)（缩绒）

羊毛等の獣毛繊維が絡み合って，布または塊状に揉み固められること。

瞬間弾性回復

(immediately elastic recovery)（瞬間弾性恢复）

外力による変形が外力を取り除くと，弾性により瞬間的に回復すること。

消泡剤

(antifoaming agent)（消泡剂）

液体表面の泡の発生を最小にする添加剤。

芯鞘構造

(sheath-core type)（核心-鞘结构）

２成分繊維の中で，芯に親水性繊維を用いた制電性繊維や導電性物質を導電性繊維，また鞘に融点の低いポリマーを用いた融着繊維等がある。

芯　地

（interlining）（衬布）

衣料の形態安定性，厚みなどを高めるために用いられる衣服の副次材料。不織布は接着芯地（fusible interlining）として用いられる。接着芯地では，ホットメルトタイプの樹脂を使用したケミカルボンド，サーマルボンド，メルトブローン不織布が使用されている。

接着芯地の用途と種類

分野	用途	使用箇所	種類	接着剤	接着機器
紳　士　服 婦　人　服 子　供　服 学　生　服	〈上衣〉 ス ー ツ ジャケット コ ー ト ベ ス ト	前身頃芯，身返し 芯，襟芯，裾芯， 背芯	全面接着 芯　　地	永久接着 タ イ プ	接着プレス機
		ポケット力芯 ポケット口芯 アームホール	部分接着 芯　　地	永久接着 タ イ プ	接着プレス機
		襟ぐり，襟みつ， 袖口芯，上襟芯， ヘム，ベンツ		仮接着 タ イ プ	アイロン 簡易接着機
	〈下衣〉 スラックス スカート	腹芯，天狗 ポケット口芯 前立て，力芯	部分接着 芯　　地	仮接着 タ イ プ	
ユニフォーム 布　吊　類	ワーキングウェア 事　務　服 スポーツシャツ ワンピース ブ ラ ウ ス	襟　　芯 前立て芯 カフス芯	部分接着 芯　　地	仮接着 タ イ プ	アイロン 簡易接着機
	ドレスシャツ	襟　　芯 カフス芯	部分接着 芯　　地	永久接着 タ イ プ	接着プレス機

［出典：中西輝美；繊維科学，**25**(7)（1983）］

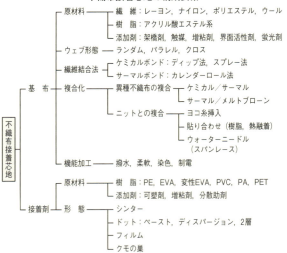

[出典：不織布の基礎と応用，日本繊維機械学会（1993）]

振動発電デバイス

（vibration generating device）（振动发电设备）

工場の機械，車や橋梁などは数十 Hz 以下の低周波数の振動が存在する。このような低周波数の振動は，日常的に存在する。振動発電デバイスは，この微小な振動エネルギーを電力に変換するデバイスである。これまで活用できなかった振動エネルギーを有効利用するエコ技術として期待されている。

振動発電デバイス

[出典：https://www.omron.co.jp/press/2008/11/c1111.html]

浸食防止

（erosion control）（防止侵蝕）

盛土，切土，自然斜面などで，水などによる浸食を
防止すること。

浸漬法（ディップボンディング）

（dip bonding）（浸漬粘合）

不織布製造時の接着剤付与方法の１つで，接着剤の
溶液中にウェブを浸漬して接着剤を付与する。

浸透剤

（penetrant）（浸透剤）

繊維の濡れを良くし，接着剤の均一性を促進するた
めに用いられる。

針　布

（card clothing）（針布）

針布基布に一定の配列で針を植えたもの。カード機
に取り付けてカーディング作用を行う。

審美性

(aesthetics)（審美学）

外観，色，柄などで感じられる布の性質。

親水加工

(hydrophilic finishing)（亲水加工）

高分子の構造の一部を親水性に改質，あるいは親水性の加工剤を用いて処理する加工。

親水性

(hydrophilic)（亲水）

水に対する親和性が大きいこと。通常，水分率が数パーセント以上の繊維を親水性繊維という。植物繊維および動物繊維のような天然繊維やレーヨンなどの再生繊維は，親水性繊維である。

人　絹

(rayon)（人造丝）

セルロース系の再生繊維で，絹を目指して製造されたため，この呼び方がある。

人工皮革

(artificial leather)（人造皮革）

極細繊維と樹脂で構成されており，人工的に製造された皮革。極細繊維とポリウレタン樹脂溶液が多く用いられ，銀付（表皮タイプ，スムース調）とスエードタイプがある。人工皮革の用途は多岐にわたり，靴，婦人服，紳士服，ランドセル，鞄，手袋，ベルト，インテリア用品，工業用品などに用いられている。人工皮革と天然皮革の性能比較を次表に示す。

人工皮革と天然皮革の性能比較 (1)

項目 (単位)	靴 用		衣料用	
	ソフリナ S-2050-15	天然皮革 銀付ステア	エクセーヌ	天然皮革 スエードカーフ
重量 (g/m²)	620	1,150~1,150	214	270~450
厚さ (mm)	1.50	1.54~1.63	0.83	0.6~0.9
見掛け密度 (g/cm³)	0.42	0.67~0.73	0.25	0.45~0.50
切断強力 (kg/25mm)	60/63	70~90/80~100	7.4~6.4	16~23/11~22
切断伸度 (%)	95/115	50~80/50~60	72/114	60~100/50~70
引裂き強力 (kg)	13.0/10.5	11~15/7~14	1.1/0.9	1.5~2.0/1.4~2.5
剛軟度 (mm)	90/110	60~100	70/50	30~40
洗濯堅牢度 (級)	4~5/4~5	洗濯不能	4~5/4~5	洗濯不能
ドライクリーニング堅牢度 (級)	4~5/4~5	3/3~4	4~5/4~5	3/3~4
耐光性 (級)	4~6	4~6	4~6	4~6
染色摩耗 (級)	4~5/4~5	2.5~4/1.5~3	4~5/4~5	2.5~4/1.5~3

注) タテ／ヨコ, ～：範囲

[出典：不織布の基礎と応用, 日本繊維機械学会 (1993)]

人工皮革と天然皮革の性能比較 (2)

用途分類	使用例
産業資材用	防錆テープ基材 自動車内装材 土木用, 資材, コンクリート養生シート
インテリア 寝装材用	テーブルクロス基材 コタツ掛基材, 壁装材, カーテン 簡易ロッカー, ベッドスプレッド
衣 料 用	芯地, 肩パット材 インサイドベルト 服地
医療衛生材	ベッドシート (患者用汚れ防止) 傷絆用 吸水材
家庭用雑貨	収納袋 ワイピングクロス 玄関マット, すべり止め基材
そ の 他	保水マット 防寒靴中敷

[出典：不織布の基礎と応用, p.169, 日本繊維機械学会 (1993)]

す

スーパーエンプラポリマー
(super-engineering plastics) (超级工程塑料)
耐熱温度が150℃以上で長期間使用できるポリマー。
溶剤に対して高い耐性を示す。よく利用されるもの
に，ポリフェニレンサルファイド（Polyphenylene
sulfide：PPS），ポリエーテルエーテルケトン
（Polyether ether ketone：PEEK），ポリイミド
（Polyimide ： PI）フッ素樹脂（fluorocarbon
polymers）液晶ポリマー（Liquid crystal polymer：
LCP）などがある。

スーパーキャパシタ
(super capacitor) (超级静电电容器)
スーパーキャパシタ（電気二重層キャパシタ）は，
充電式電池と比べて非常に短い時間で充放電できる。
充電の時には，正極の表面では陰イオンに，負極の
表面では陽イオンに電荷が吸着され，それぞれ電気
二重層を形成し，電気をためている。放電の時には，
負極の電子が回路に流れ，電極表面に吸着している
イオンも同時に表面から離れ，電気エネルギーを放
出する。

スクリーンコンベヤー
(screen conveyor) (筛输送机)
金網またはプラスチック製の網のコンベヤー。

スクリーン捺染
(screen printing) (网目捺染)
スクリーンを用いる捺染方法。ハンドスクリーン捺
染，フラットスクリーン捺染，ロータリースクリー
ン捺染がある

スクリーン法（エアレイド法）
(screen method)（气流成网）
エアレイド法におけるウェブ形成法の１つのタイプ
で，パルプなどを解繊した後に，空気流でウェブ形
成装置に送り，スクリーンを通過させてウェブを形
成する方法。

スクリム
(scrim)（粗编织棉或麻织物）
粗く織った綿または麻の織物で，不織布に寸法安定
性と強度を与えるためにウェブと重ねて用いる。

さ～そ

スケール
(scale)（鳞）
羊毛繊維の表面を覆う，うろこ状の鱗片。

スケルトンシリンダー
(skeleton cylinder)（骨架圆筒）
熱風乾燥機内で用いられる骨格状のシリンダー。

スチーミング
(steaming)（蒸发式）
蒸気を用いて布などを熱処理すること。蒸熱，蒸し
ともいう。

ステープルダイヤグラム
(staple diagram)（纤维长度分布图）
繊維長の分布を示す曲線。

ステープルファイバー
(staple fiber)（切段纤维）
短く切断した化学繊維で，スフという場合もある。

ステッチボンド法
(stitch bonding)（縫合結合）

フィラメントまたは紡績糸を用いて，ウェブ中の繊維間を編むことによって不織布を作る方法。アラクネ機とマリモ機が有名で，マリモ系のマリワット機やクーニット機が使用されている。ステッチボンド不織布には，比較的織物に近い風合いがあり，糸・

マリワット機の構造

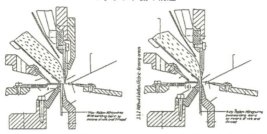

[出典：不織布の基礎と応用，p.168，日本繊維機械学会（1993）]

クーニット機の構造

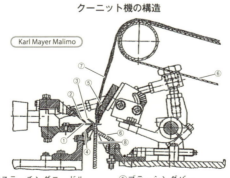

① ステッチングニードル
② クロージングワイヤー
③ ノッチングオーバーシンカー
④ サポーティングエレメント
⑤ ブラッシングバー
⑥ フリーストランスポートクロス（ベルト）
⑦ ファイバーフリース
⑧ クーニット布

[出典：不織布の基礎知識，p.36，日本不織布協会]

繊維量の比率を変えることにより風合いを変化させることができるという特徴がある。マリワット機とクーニット機を前図に示す。

ステロメーター
（stelometer）（束纤维强力测试仪）
繊維の強さを繊維束で測定する機械の一種。

ストリッパー
（stripper）（剥网）
カード機のワーカー上の繊維を掻き取り，シリンダーに渡すローラー。

ストルート
（struto）（Struto 垂直成网工艺）
イタリアのメーカーによる，ウェブをひだ状に折りたたみ，嵩高な不織布を製造する方法。

ストレッチ素材
（stretchable materials）（可拉伸材料）
伸縮性のある素材。

ストローク
（stroke）（冲程）
ニードルパンチ機で針をウェブに差し込む上下運動のこと。1回上下することを1ストロークという。

スナッグ
（snag）（勾丝）
原糸の一部が，布地本体から引っ張り出されてできるほつれ。

スパイクドラチス
（spiked lattice）（尖刺的格子）
ホッパー・フィーダー等に使われる，斜めに針ピン

さ〜そ

を打ち込んだラチス。

スパンデックス繊維
  (spandex fiber)（氨纶纤维）
  ポリウレタン系の弾性繊維。

スパンボンド法
  (spunbonding)（纺粘）
  紡糸直結型の製造法で，紡糸機から紡出されたフィラメントを集めて直接ウェブとする方法。スパンボンド法の概略を次に示す（ウェブの形成工程 参照）。

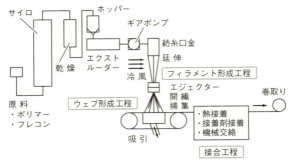

[出典：不織布の基礎知識，p.48，日本不織布協会]

スパンレース法
  (spunlace)（水刺法）
  水流交絡不織布 参照。

スパンレイド
  (spunlaid)（纺粘）
  スパンボンド法，メルトブロー法，フラッシュ紡糸法のすべてを含む言葉。スパンメルト（spunmelt）と呼ぶ場合もある。
  紡糸直結型の製造法の代表的なものであるスパンボ

ンド法は，主として熱可塑性ポリマー溶液を矩形あるいは円形の紡糸口金から押し出し，気流あるいは延伸ローラーによって延伸し，これをコンベヤーベルト上に集積してウェブを形成させる方法である。延伸工程は紡糸後に必要な工程で，延伸することによって，分子鎖の配向や結晶化が高くなり，細くて丈夫な繊維になる。この溶融紡糸方式のスパンボンド法以外にも，キュプラやビスコースレーヨンを原料とする湿式紡糸方式のスパンボンド法がある。延伸後の繊維束を開繊するために，静電気，コロナ放電，気流，衝撃板を利用する方法などが考案されている。ウェブの形成工程の後で，ヒートボンド法，ニードルパンチ法，ケミカルボンド法などを用いて繊維間の接着を行う（スパンボンド法 参照）。

スピニング速度

（spinning speed）（紡紗速度）

エレクトロスピニング速度は，せいぜい $4 \sim 6\,\mathrm{m/sec}$ である。したがって，このままではファイバーに十分な延伸効果を期待できない。そのためターゲット側を高速回転して，ファイバーを延伸させる必要がある。溶融紡糸速度は，$1,000 \sim 8,000\,\mathrm{m/sec}$。

スピンコーティング

（spin coating）（旋涂，旋転被覆）

薄膜を基板に付着させるための手法。一般的なプロセスでは，樹脂を溶かした溶液物質の液滴を基板の中心に落とし，基板を高速（約3,000 rpm）で回転させ，その求心加速により，樹脂のほとんどは基板の縁まで広がり，さらに縁の外まで飛び出し，基板の表面は樹脂の薄膜で覆われる。膜厚は$100 \sim 300$ nm であり，その特性は溶液物質の性質（粘度，乾燥速度，固形分の割合，表面張力など）とスピンプロセスに依存したパラメータによって異なる。

スプリットファイバー不織布
(film split nonwovens)（薄膜分割非织造布）
特殊フィルムを高延伸工程でスプリット化（割繊）
し，縦横に積層して作られた不織布。

スプリットヤーン
(split yarn)（分纱）
フィルムを延伸し，スプリット化して作った糸。

スプレーボンド法
(spray bonding)（喷涂粘合）
接着剤をスプレーで吹き付け，ウェブ中の繊維どう
しを接着する方法。

スポット
(spot)（小斑点，斑点）
小さなシミ，汚点，特に油性のタールなどを指すこ
とが多い。

スマートテキスタイル
(smart textiles)（智能纺织品）
電子デバイスがテキスタイルに装着され，テキスタ
イルと統合一体となって情報授受機能をもつシステ
ムで，e-テキスタイル（electronic textiles）ともい
う。

スリッター
(slitter)（分切机）
物体を細長く切断する機械。ロール巻きを細幅に切
断する場合が多い。

スリットヤーン
(slit yarn)（切开纱线）
ポリプロピレン，ポリエチレンなどのフィルムを細
いテープ状に裁断した糸。

スルーエア法

（through-air bonding）（用热空气粘合的方法）

バインダー繊維や樹脂パウダーを含んだウェブ中の繊維どうしを熱風によって接着する方法。固綿やファイバークッションの接着方法。

水解性

（flushable property）（易被水分散于水中的特性）

水により，水中で分散しやすい性質。水洗性といわれることもある。

水耕栽培

（water culture）（水耕培养）

土を用いずに野菜などを栽培すること。底面からの給水や栄養補給のために不織布が用いられている。

水酸化ナトリウム

（sodium hydroxide）（氢氧化钠）

分子式は $NaOH$。強いアルカリ性を示し，セルロース繊維の精練マーセル化剤として用いられる。

水素結合

（hydrogen bond）（氢键）

水素原子1個が，フッ素，窒素，酸素などの電気的陰性度の高い原子2個と結び付く結合。水素結合は，イオン結合と比べて結合力が弱い。

水分率

（moisture regain）（含水量）

湿潤時の繊維の重量から，乾燥時の繊維の重量を引いたものを乾燥時の重量で割った値。値の多いものほど含みうる水分量が大きい。

さ～そ

水平式ラッパー

(horizontal lapper)(水平式铺砖)

カードウェブをコンベヤーに直角方向に振り込み,繊維を幅方向に並べてクロスウェブを作る機械で,水平に3段のラチスまたはゴムシートが設置されている装置。水平クロスレイヤー (horizontal cross layer) ともいう。

水溶性繊維

(water-soluble fiber)(水溶性纤维)

水に溶ける繊維のことで,水溶性ビニロンがある。

水流交絡不織布 (スパンレース不織布)

(hydro-entangled nonwovens, spunlace nonwovens)(水流交絡非织造布)

高圧水流によって,ウェブ中の繊維どうしを絡み合わせて作った不織布。ノズルの形状(ノズル径,ピッチ),水流圧力,搬送ベルトの種類やメッシュサイズなどが,不織布の力学低性能に影響をおよぼす。

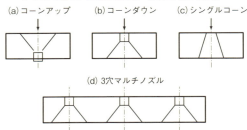

ノズルの形状（水流交絡法）（矢印が流れ方向）
(a)コーンアップ　(b)コーンダウン　(c)シングルコーン
(d)3穴マルチノズル

［出典：E. Ghassemieh, et al.; Textile res. J., 73(5), 444-450 (2003)］

吸出し防止

(prevention of soil draw-out)(防止土壤流失)

護岸などの背面の土の吸出しを防止すること。

せ

セパレーター
（separator）（分离器）
電池の中で正極と負極を隔離し，かつ電解液を保持して正極と負極との間のイオン伝導性を確保する多孔質膜材料で，PE や PP が主に用いられる。

セミランダムウェブ
（semi-random web）（半随机分布纤维网）
短繊維またはフィラメントが，ある程度ランダムに配向しているウェブ。

さ〜そ

セリシン
（sericin）（丝胶）
絹繊維の2本のフィブロインを包んでいる，接着剤の役割を果たすタンパク質。

セルロース繊維
（cellulose fiber）（纤维素纤维）
セルロースを主成分とする繊維の総称。

セルロースナノファイバー
（cellulose nano-fiber）（纤维素纳米纤维）
パルプをさらに微細に粉砕して解きほぐし，100 nm 以下のサイズの繊維径をもつセルロースフィブリル集合体。髪の毛の2万分の1程度の太さにもなる。線熱膨張係数はガラス繊維並みに小さく，弾性率はガラス繊維より高いという優れた特性を有している。セルロースナノファイバーは植物由来であることから，環境負荷が小さい材料であることも特長である。

セルロースナノファイバー

樹木

細胞壁

セルロース
ミクロフィブリル
3〜4nm

グルコース
0.5nm

TEMPO 触媒酸化と軽微な機械処理

木材パルプ繊維
20〜40μm

完全ナノ分散した
セルロース
ミクロフィブリル
200 nm

［出典：http://psl.fp.a.u-tokyo.ac.jp/images/research/research01_img01.jpg］

ゼオライト
（zeolite）（沸石）
沸石（ふっせき）と類似の構造のイオン交換性を有する合成ケイ酸塩の総称。

ゼロエミッション
（zero emission）（零排放）
廃棄物を出さない製造技術を開発する計画。

せん断
（shear）（剪断）
物体の近接した2点で，2つの平行荷重が相互に反対方向に作用した時，力の作用面が相対的な滑りを起こして物体が変形する現象。

せん断特性
（shearing property）（剪切特性）
布をせん断変形させた時の，せん断力とせん断角との関係をいう。

せん断粘度
(shear viscosity)（剪切粘度）
せん断変形（せん断流れ）に対する粘度（せん断粘度）のこと。せん断変形とは，たとえば手で粘土をこすり合わせた時に粘土が受ける変形に相当する。一定の速度でこすり合わせる時に，必要な力が大きいほど粘度が高い。せん断粘度は，高分子鎖の固さ，絡み合い点間分子量，ガラス転移温度，自由体積などの分子パラメーターによって記述できる。

せん毛
(shearing)（剪毛）
布表面の毛羽を一定の長さに刈り揃える仕上方法。

生化学的酸素要求量
(biochemical oxygen demand)（生化需氧量）
BOD で表わされ，水中に含まれる有機物が微生物によって好気的分解を受ける時に必要とする酸素量を ppm で表わしたもの。

生分解性繊維
(biodegradable fiber)（可生物降解纤维）
自然界に存在する微生物や酸素によって，水と二酸化炭素に分解される繊維。

成熟度
(maturity)（棉纤维成熟度）
綿繊維の成熟程度。

製　糸
(spining)（缫丝，从茧制作丝线）
繭から生糸を作ること。

さ～そ

製紙用フェルト

（pepermakers felt）（紙毡）

抄紙機の部品に用いられるフェルト。抄紙後の紙を乾燥ドラムに密着して搬送するエンドレスベルト。

静電式ウェブ形成

（electrostatically laying）（静电纺）

ポリマーの溶液，エマルションまたは溶融ポリマーから静電気を利用して，極細繊維のウェブを作る方法。

静電紡糸

（electrospinning, static spinning）（静电纺丝）

エレクトロスピニングの日本語訳。静電気の作用によりスプレー現象が観察されるために，このように呼ばれる。

静電防止剤

（antistatic agent）（抗静电剂）

静電気の帯電防止のために，繊維製品に用いられる薬剤。

精　練

（scouring）（精炼）

繊維中に含まれている不純物（天然ワックス，汚れ，油剤）や糊剤を除去するために行われる仕上加工。

整　経

（warping）（整经）

製織準備のために，個々の糸を所要本数・所定の幅に均斉に配列して，ドラムまたはビームに巻き上げること。

脆　化

（degradation property）（脆性）

酸素，紫外線，熱，微生物などによって強力や性能が低下する現象。劣化ともいう。

赤外線乾燥機

（infrared dryer）（红外干燥器）

遠赤外線を放射して乾燥させる装置。

積層不織布

（complex nonwovens）（层压非织造布）

　2つまたはそれ以上のウェブや不織布を積層した不織布。

接触角

（contact angle）（接触角）

固体上の液滴と固体表面とのなす角度。固体，気体，液体の接点から液滴に対し，接線を引いた時の接線と固体表面とのなす角度。接触角が90°より小さければこの固体は濡れやすく，90°より大きいと撥水性がある。

接着工程

（bonding process）（粘附过程）

ウェブ中の繊維どうしを結合してシート状にする工程。接着工程では，繊維どうしの接着（結合）の仕方，すなわち，ルーズに絡み合った状態であるか，硬く（強く）接着した状態であるか，また接着点の数，繊維の体積分率（不織布中で繊維の占める比率）などが，不織布の構造や物理的性質に大きな影響をおよぼす（ウェブの接着工程　参照）。

接着剤

（adhesive）（胶粘剂）

　2つの物体を結合させる物質。固体状（粉末，繊維，

フィルム），泡状，液状（エマルション，分散液，溶液）のものがある。バインダー（binder）ともいう。

接着剤は，形態による分類では，液体状接着剤と固体状接着剤に分類される。液体状接着剤は，水あるいは溶剤の中に接着用ポリマーが直径0.05〜1μmのオーダーの微粒子として分散されている。また，ポリマーの種類によっても分類され，合成ゴム系，アクリル系，ウレタン系，PVA系，酢ビ・EVA系，エポキシ系などがある。固体状接着剤は，100%低融点の成分からなる繊維状，粉体状の場合と，芯鞘型あるいはサイドバイサイド型の複合繊維状，粉体状の場合がある。ポリマーの種類は，オレフィン系，ポリエステル系，PVA系，合成パルプ系がある。

接着剤の使用量あるいは付着量は，不織布の物性と密接に関係している。付着量が多くなると，強度，弾性率，耐摩耗性が大きくなるが，伸度や引裂強さは小さくなる。また，風合いが硬くなり，通気性が低下する。付着量の少ない場合は，この逆の減少が生じる。

接着剤の形態による分類

分類		長所	短所
液体	水溶液	洗浄・希釈などが容易で，安全性が高い	温度が高いと粘度が上がる。耐水性が劣る
	水分散系	特殊な薬剤の使用が可能である	高温度になると沈降しやすい
	エマルション	多種類の接着剤の合成・使用が可能である	乾燥すると溶解・再分散しない
	溶剤系	耐水性が高く，接着力が強い	安全・衛生などに問題がある
固体	繊維	繊維の配合時に，付与できる	種類が少なく，用途限定がある
	パウダー	風合・通気性が維持しやすい	均一に分散しずらい

接着芯地
（fusible interlining）（粘合衬）

衣服の型崩れを防ぐために，合成樹脂によって接着した芯地。基布の片面にあらかじめ接着剤を付着し，主素材と複合して作った芯地。

接着力
（bonding strength）（粘合強度）
結合された2層間，あるいは不織布中の繊維どうし
の結合力。

先端フック
（leading hook）（前端弯鈎）
工程の進行方向に対する繊維先端の曲がり。

染　色
（dyeing）（染色）
被染物を，染料または顔料などの着色剤で着色する
こと。

染色堅ろう度
（fastness）（色牢度）
染色物の耐候性，耐摩擦性，耐洗濯性等に係る変
色・退色の程度。

染色繊維トレーサー法
（dyed fiber tracer technique）（染色纤维追踪技术）
染色した繊維を用いて，工程中の繊維挙動を調べる
方法。

潜在捲縮繊維
（potential crimping fiber）（潜在卷曲纤维）
サイドバイサイド型の複合繊維で，高収縮ポリマー
と低収縮ポリマーからなり，熱処理によって捲縮を
生じる。

潜　熱
（latent heat）（潜热）
物質が固相，液相，気相に相互に相を変化する時に
発生あるいは吸収する熱で，気化熱，凝縮熱などが
含まれる。

線密度
(linear density)（线密度）
細長い物質の，単位長さ当たりの質量。

繊　維
(fiber)（纤维）
長くて，直径を目で判別できない程度に細いもの。
布や糸にできる繊維を紡織繊維（textile fiber）と
いう。

さ～そ

繊維強化プラスチック
(fiber reinforced plastic)（纤维增强塑料）
繊維で強化した複合材料で，FRP のこと。

繊維径（繊維径分布）
(fiber diameter)（纤维直径）
繊維の直径。合成繊維はノズルから押し出すため，
円形断面のものは繊維径のばらつきは小さい。一方
で，天然繊維はばらつきも大きく，円形でなく，扁
平な形状のものも多い。

繊維接触点数（n）
(number of contacting point within fiber)（纤维接
触的点数）
繊維集合体中で，繊維どうしが接触している数で，
次のように確率的に表わされる。
$$n = 0.65 H d_f$$
ここで，H は繊維集合体の厚さ，d_f は繊維の直径。

繊維素繊維（指定外繊維）（精製セルロース繊維）
(refined cellulose fiber)（纤维素纤维）
パルプを特殊な溶剤で溶解して作る再生繊維。テン
セルやリヨセルが代表的。

繊維の形態因子

(morphology, shape factor of fiber)（纤维的形态）
繊維長，繊維の太さ（繊度），断面形状，側面形状，クリンプの程度などが不織布の力学的性質（引張特性，せん断特性，曲げ特性，圧縮特性，伸縮特性）に影響をおよぼす。特に，繊維長と繊維の太さは，短繊維不織布の力学的性能と大きく関係する。また，繊維の太さは不織布の曲げ特性やフィルター性能と重要な関係があり，繊維直径が1/2になれば繊維の曲げ剛性（曲げかたさ）は1/16になることから，不織布の柔らかさに効いてくる。繊維の断面形状は，不織布の力学的特性や吸水性，断熱性などと関係があり，側面形状は摩擦特性と，クリンプの程度は伸縮特性と関係する。

繊維の定義

(definition of fiber)（纤维的定义）
繊維の定義は，図に示すように細長くて直径が肉眼で判別できない程度のもの。したがって，形状と大きさだけで決まり，材質は関係しない。この多種多様な繊維の中で，糸や布にできる繊維を紡織繊維（textile fiber）という。

繊維の定義

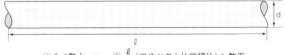

① $\ell <$ 数十 μm ② $\dfrac{\ell}{d}$（アスペクト比縦横比）$>$ 数百
①と②の条件を満たすものを繊維という。

繊維の配向

(orientation of fiber)（纤维定向）
各繊維が繊維集合体内で特定の方向に向いていることで，ウェブ中の繊維の配向は，パラレル，クロス，ランダムがある。パラレルウェブではウェブ中で繊

維がお互いに平行に配向している状態にあり，クロスウェブでは繊維どうしが直交している状態にあり，ランダムウェブでは繊維がそれぞれバラバラな方向に配向している状態になっている。したがって，パラレルウェブとクロスウェブは力学的異方性，ランダムウェブは力学的等方性をもつことになる。

繊維配列

（fiber arrangement）（纤维排列）

繊維集合体の中での構成繊維の並びかた。

さ～そ

繊 度

（fineness）（纤度）

繊維の太さのことで，テックス（tex）やデニール（d），線密度などで表示されることが多い。

そ

ソーティング

（sorting）（分类）

原料を，繊維の長さ，太さ，光沢，夾雑物の程度などによって選り分けること。

ゾ ル

（sols）（溶胶）

コロイド分散系が流動性をもっている状態。

ゾル-ゲル法

（sol-gel）（溶胶-凝胶法）

ゾル-ゲル法は溶液から出発して，多孔質ゲル，有機無機ハイブリッド，ガラス，セラミックス，ナノコンポジットを作る材料合成法である。高温材料を，従来の溶融法や焼結法に比べて低い温度で作ることができ，材料によっては，室温あるいは100℃，

150℃という低温で合成することができる。また，種々の微細構造の材料，たとえばバルク体やファイバー，コーティング膜，粒子などいろいろな形状の製品を作るのに応用できる。

粗じん用フィルター

（coarse filter）（粗滤器）
大きい粒子を捕集するためのフィルターで，プレフィルターとして用いられることが多い。

組織組み立て型ナノファイバー

（aligned nano-fiber）（组织组装纳米纤维）
生体内の心筋細胞のように，筋繊維が配列した3次元構造形成や心筋細胞培養のための太さや密度，配向性をもつ細胞の培養に最適化させたナノファイバー。

さ～そ

疎水性

（hydrophobic）（疎水性）
水に対する親和性が少ないこと。

疎水性繊維

（hydrophobic fiber）（疎水性纤维）
水との親和性の少ない繊維で，ポリアミド，ポリエステル，ポリオレフィン等の合成繊維（ビニロンや親水性に改質した場合は除く）に多い。

梳毛糸紡績

（worsted system spinning）（精纺纱）
梳毛糸を紡績すること。

塑性変形

（plastic deformation）（塑性変形）
外力を取り除いても元の状態に戻らないような変形。

走査型電子顕微鏡

(scanning electron microscopy)（扫描电子显微镜）

電子線を集束させて，極めて小さな点電子線を作り，試料上を走査させて拡大像を得る顕微鏡。

相対湿度

(relative humidity)（相对湿度）

空気中の水蒸気の分圧と，その温度における飽和水蒸気圧との比をいい，百分率で表わされる。

創傷被覆材

(artificial skin)（伤口敷料）

外傷による皮膚の欠陥や，火傷表面の保護のために被覆するシート。

増粘剤

(thickening agent)（增稠剂）

液体中に分散または溶解させて，粘度を大きくするのに用いる薬剤。

側　鎖

(side chain)（侧链）

高分子の主鎖から枝分かれした部分。

測　色

(colorimetry)（比色法）

物体色の色を測定すること。

た 行

た

ターゲット
（target）（靶标）

ナノファイバーが吹き付けられる部分である。銅板にアルミホイルを貼り付けて，ターゲットとして利用する。銅板には，電圧発生器のグランド（アース）端子を接続する。より精度良くナノファイバーを積層するためには，回転式ドラムタイプのターゲットを用いた方がよい。

ターポリン
（tarpaulin）（篷布）

布の両面に防水加工した帆布。

タイルカーペット
（tile carpet, piece-laid carpet）（瓷砖地毯）

角形のカーペットで，多数を敷き詰めて用いる。タイルカーペットの基布にはポリエステルスパンボンドやガラス繊維が用いられている。

タ　パ
（tapa）（塔帕纤维布，南洋树皮纸）

オセアニア地域で伝統的に作られている樹皮布（樹皮からできた布で，一種の不織布）。

タフテッドカーペット
（tufted carpet）（簇绒地毯）

厚地の基布にタフト糸を針で刺してパイルを作り，基布の裏側を接着固定したカーペット。タフテッド

カーペットの一次基布としては，古くからジュートが用いられていたが，腐食しやすい，寸法変化が生じるなどの理由により，最近ではスパンボンド不織布が使用されている。

タフネス
(toughness)（靭性）
丈夫さのことで，荷重伸長曲線と横軸との面積で表わされる。

タング引裂試験法
(tongue tear test)（舌撕裂試験法）
試料布の端に切れ目を入れることによって，新たに作られた2枚の布端を上下つかみにつかませて引き裂く試験法。

タンパク質繊維
(protein fiber)（蛋白质纤维）
タンパク質からなる繊維。羊毛，絹が代表的。

ダイナミックモジュラス
(dynamic modulus)（动态模量）
繊維や糸に繰り返し応力（普通は正弦波応力で，周波数は1〜1,000 Hz の範囲）を掛けた時，試片が示す弾性挙動を表わす指数。

ダイレクトメタノール燃料電池
(direct methanol fuel cell：DMFC)（直接甲醇燃料电池）
一般に，メタノールを燃料として直接用いる燃料電池のことをダイレクトメタノール燃料電池（DMFC）と呼ぶ。直接メタノール燃料電池の構造そのものは，普通の固体高分子型燃料電池とほぼ同じである。燃料改質器でメタノールから水素を作らずに，メタノールを燃料極で直接反応させる。プロ

トン交換膜を用いた直接メタノール燃料電池の電池反応を示す。

燃料極：$CH_3OH + H_2O \rightarrow CO_2 + 6H^+ + 6e^-$
空気極：$O_2 + 4H^+ + 4e^- \rightarrow 2H_2O$
全反応：$CH_3OH + 3/2O_2 \rightarrow CO_2 + 2H_2O$

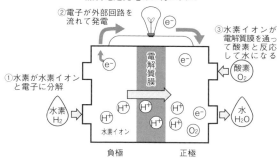

[出典：http:www.kuraray.co.jp/products/question/medical/electrolyte.html]

ダル
(dull)（平淡）
原料に添加する艶消し剤（酸化チタン）によって光沢を消したもので，艶消しともいう。セミダル(semidull)は，普通艶消しで自然な光沢に近い。

ダンウェブ法
(Dan-Web method)（Dan-Web 法（丹麦 Dan 气流铺网法））
エアレイド法のスクリーンタイプの１つ（エアレイド法 参照）。

たて編み
(warp knitting)（経編）
ループをたて方向に連結して編地を作る方法で，た

て編機による編成動作のこと。

多孔質ナノファイバー
(porous nanofiber)（多孔质纳纤维）
溶媒の蒸発速度をコントロールすることなどで，スポンジ状のナノファイバーの作製が可能である。ポリスチレン溶液などでは多孔質ができやすい。

多孔シリンダー
(perforated cylinder)（多孔油缸）
中空シリンダーの表面に多数の小孔を設けたもので，サクションドラム乾燥機などに用いられる。

た〜と

多孔性
(porosity)（多孔性）
嵩高性，多孔性，細孔径は不織布構造の特徴を表わすもので，多孔性は嵩高性と密接な関係がある。多孔性を示す値として多孔度があり，通常，

$$多孔度 = \left(\frac{V_p - M}{V \times p}\right) \times 100 \quad (\%)$$

で表わされる。

　ここで，見掛けの体積は V，不織布の重さ（質量）は M，繊維の密度もしくは比重は p。
細孔径の測定についても，さまざまな測定方法と測定値が示されている。不織布中の孔径は均一ではなく，大きさが分布している。そこで，一般的に，最大孔径と平均孔径で示されることが多く，平均孔径は最大孔径の1/2であるとしたり，孔数の50％以上が同一であるものなどとされている。最近では，多孔質材料自動細孔測定システム（パームポロメーター）を用いて細孔径分布を測定することが多くなっている。

多層 CNT

(multi-walled carbon nanotube：MWNT)（多壁碳纳米管）

多層 CNT は，いくつかの単層チューブが入れ子になっており，少ない場合は6層，多い場合で25層ほどの同心多層構造をとっている。そのため，MWNT の直径は SWNT の0.7〜2.0nm に対して，30nm と大きい（カーボンナノチューブ 参照）。

多層 CNT

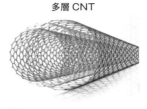

[出典：http://wwew.marubeni-sys.com/cnt/cnt/index.html]

打 綿

(picking)（清棉）

開繊・除じん作用のため，繊維塊をビーターなどで打つこと。打綿機のことをピッカーという。

太陽電池

(solar cell)（太陽電池）

太陽電池は，太陽の光エネルギーを吸収し，光起電力効果を利用して直接電気に変えるエネルギー変換素子である。シリコンなどの半導体で作られており，この半導体に光が当たると，日射強度に比例して発電する。シリコン太陽電池など，さまざまな化合物半導体などを素材にしたものが実用化されている。色素増感型と呼ばれる太陽電池も研究されている。「電池」という名前がついているが，電気をためる機能はない。

太陽電池のメカニズム

体積分率
（volume fraction）（体积分数）
含気率 参照。

た〜と

耐久性
（durability）（耐久力）
製品がどれだけ長く使用できるかという性能。

耐候性
（weather resistance）（耐候性）
太陽光線，風雨，熱，水，酸素などの自然条件に抵抗する性質。

耐候性試験
（weathering test）（耐候性測试）
太陽光照射や雨などの，自然の気候の変化に対する繊維製品の屋外使用における脆化や変退色の評価試験。

耐水性
（water resistance）（耐水性）
水の通過に抵抗する性質。

耐熱性

（heat resistance）（耐热性）
高温に耐える性質で，繊維の耐熱性は高分子の種類
によってほとんど決まる。

耐摩耗性

（wear resistance）（耐磨损性）
摩耗に耐える性質。

帯電防止加工

（antistatic finishing）（抗静电处理）
繊維製品に静電気が発生するのを防止する加工。

脱脂綿

（absorbent cotton）（吸水棉）
綿花から脂肪分を除去して漂白し，体液などの水分
を吸収しやすくしたもの。

た～と

脱落繊維

（lint）（棉绒）
不織布の本体から脱落した繊維。リントともいう。

経緯直交法

（orthogonal method）（是聚烯烃纤维通过正交叠
层制成的非织造布）
割り布 参照。

単層 CNT

（single-walled carbon nanotube：SWNT）（单壁碳
纳米管）
単層 CNT は，炭素原子が 6 角形状に結合した炭素
1 原子 1 層分の「網」を巻いたナノメートル領域の
直径をもつ継ぎ目のない円筒状で，グラフェンシー
ト（2 次元のグラファイト平面）が丸まった状態で
ある。6 角形状に結合した炭素原子網に破れなどの

欠陥がほとんどない場合，鋼の20倍の強さ，銅の10倍の熱伝導度，アルミニウムの半分の密度，ケイ素（シリコン）の10倍の電子移動度をもつ（カーボンナノチューブ 参照）。

単層CNT

[出典：単層CNT融合新材料研究開発機構 技術資料]

炭酸ガスレーザー
(carbon dioxide laser)（CO₂激光器）

炭酸ガス（CO_2）レーザーの媒質は，ヘリウム，窒素を混合した炭酸ガスであり，放電により励起される。混合ガス中の窒素は，CO_2にエネルギーを移行して励起準位にする役割，CO_2からエネルギーを奪うことでCO_2をレーザー下準位からさらに下の準位に移動させる役割，放電によって発した熱を除去する役割を担っている。CO_2レーザーは，産業界に最も普及しているレーザーであり，金属，非金属の切断，穴あけ，溶接，表面改質などに応用されている。出力波長が水に吸収されやすいことから，生体組織を扱う外科手術でもレーザーメスなどで用いられる。

炭素繊維
(carbon fiber)（碳纤维）

炭素を主成分とする繊維。通常，炭素含有量が95%以上で，酸素，水素，窒素が少量含まれる。ポリアクリロニトリル繊維を原料としたPAN系と液晶ピッチを原料としたピッチ系の炭素繊維がある。これらの原料を，耐炎化または不融化処理後，張力下で炭化することによって得られる。

短繊維（ステープルファイバー）
（staple fiber）（短纤维）
繊維長が10cm以下程度の繊維。

短繊維不織布
（staple nonwovens）（短纤维非织造布）
短繊維を，空気中でカード方式またはその他の方式でシート状に積層し，1つまたは2つ以上の結合方法で作られた不織布。

短網方式
（tanmo machine type）（短網方式）
湿式のウェブ形成方式で，円網と長網の中間的な存在であるが，原理的には長網方式に近い。

弾 性
（elasticity）（弹性）
外力を加えれば変形するが，外力を取り去ると完全に元の形状に戻る性質。

弾性回復
（elastic recovery）（弹性恢复）
物体にひずみを与えた時の回復状態で，瞬間弾性回復と遅れ弾性回復がある。

不織布の伸張回復曲線

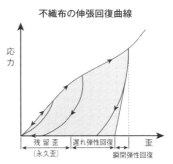

弾性繊維

(elastic fiber)（弾性纤维）

伸長率や伸長回復性が極めて大きい繊維で，ポリウ
レタン系とポリエーテルエステル系がある。スパン
デックス繊維が代表的。

弾性率

(modulus of elasticity)（弾性模量）

弾性限度内における応力とひずみの比を表わす値。

弾性ロール

(elastic rolls)（弾性辊）

弾性を有するローラー。

た~と

ち

チーズ

(cheese)（筒子纱）

木管または紙管に糸を円筒状に巻いたもの。

チップ

(chip)（芯片）

ペレットまたは粒状の原料。合成繊維の製造に使用
されるポリマーと，パルプの生産用の木材チップが
ある。

チョップドファイバー

(chopped fiber)（切碎的纤维）

繊維を短い長さに切断したもの。

蓄熱繊維

(heat retaining fiber)（热储存纤维）

外部の熱エネルギーを繊維内に蓄積する繊維。蓄熱
繊維にはセラミックス，カーボンなどがあり，代表

的なものは炭化ジルコニウムである。

着色剤
（coloring agent）（着色剂）
色材，染料または顔料のことで，繊維などに溶解または分散させて着色する薬剤。

中空フィラメント繊維
（hollow filament fiber）（中空长丝纤维）
ストローのように，中央部が空洞になったフィラメントのこと。短繊維の場合は中空繊維という。

中空ナノファイバー
（hollow nanofiber）（中空纳米纤维）
2本以上のシリンジと2重円筒ノズルを用い，そのノズルの中央部にはオイルなど抽出可能な溶液を用いてエレクトロスピニングすると，中空ナノファイバーの作製が可能である。ただし，中空部分は連続して貫通はしていない。

た～と

中高性能フィルター
（middle and high efficiency filter）（中等高性能过滤器）
補集効率が60〜70％くらいの範囲では，中じん用としての不織布の使用が多い。

長繊維不織布
（filament nonwovens）（长纤维非织造布）
フィラメントをシート状に積層し，1つまたは2つ以上の結合方法で作られた不織布。連続繊維不織布ともいう。

超延伸糸
（super-drawn yarn）（超级拉伸纱）
極限まで延伸し，分子鎖を高度に配向させて高強

度・高弾性率とした合成繊維。

超音波接着
(ultrasonic bonding)（超声波粘合）
周波数16kHz以上の超音波を用いて加熱し，ウェブの繊維表面を溶融して，繊維どうしを接着すること。

超吸水繊維
(super-absorbent fiber)（超级吸水纤维）
アクリル繊維表面を化学改質することにより，自重の20〜200倍の液体吸収能力をもたせた繊維。

た〜と

超高強力ポリエチレン繊維
(super high-tenacity polyethylene fiber)（超高强度聚乙烯纤维）
分子量100万以上の超高分子量ポリエチレンをゲル紡糸し，超延伸して作った繊維。

超高性能フィルター
(super high efficiency filter)（超高性能过滤器）
非常に高性能なフィルターで，HEPA（High Efficiency Particulate Air），ULPA（Ultra Low Penetration Air）があり，超極細ガラス繊維を用いた湿式不織布やメルトブローン不織布が用いられている。

超極細繊維
(ultra microfiber)（超细纤维）
一般に，0.6dtexよりも細い繊維を極細繊維，0.1dtex以下の太さの繊維を超極細繊維という場合が多い。

超分子ナノファイバー

(supramolecular nanofibers)(超分子纳米纤维)

分子が自発的に集合して形成される超分子集合体。1次元のファイバー状集合体を,超分子ナノファイバーと呼ぶ。成長の「タネ」として添加する超分子集合体の種類を変えることにより,2次元のシート状集合体を作り分けることもできる。

超分子配列

(supramolecules)(超分子阵列)

通常の繊維は,分子長より非常に太く,分子の向きはランダムであるが,ナノファイバーでは分子が繊維長さ方向に配向するため,①高強度,②高電気伝導性,③高熱伝導性が期待される。

超臨界

(supercritical state)(超临界)

臨界点以上の温度・圧力の状態のこと。気体と液体の区別がつかない状態で,気体の拡散性と,液体の溶解性をもつ。二酸化炭素は臨界温度が室温に近いため,熱変性を起こしやすい天然物の抽出や分離によく利用される。水は臨界温度が高いため,加水分

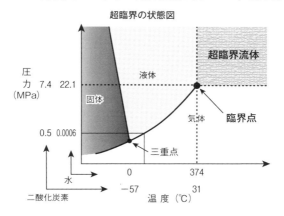

超臨界の状態図

解や酸化反応といった反応場としての利用が検討されている。

超臨界水ナノ粒子合成

（supercritical hydrothermal synthesis）（超临界水纳米粒子合成）
ナノ粒子合成に使用される金属塩水溶液と，有機分子が溶解しやすい有機溶媒とは水と油の関係であり，混合して均一な相を組むために超臨界水を利用する。水の臨界点である374℃，22 MPa以上で，水の誘電率は急激に減少し，2〜10程度の超臨界状態になることで水と油が均一相を形成することにより，ナノ粒子と有機修飾剤の混合が容易となり，均一な有機・無機ハイブリッドナノ粒子の合成が可能となる。

た〜と

超臨界染色

（supercritical fluid dyeing：SFD）（超临界染色）
超臨界状態の媒体を用いる染色。完全な非水系染色法で，二酸化炭素を超臨界状態にし，これに染料を溶解させて染色する。

直接染料

（direct dye）（直接染料）
溶液中で解離して染料イオンが陰イオン性になるアニオン染料の中で，比較的分子量が大きく，セルロース系繊維に対して親和性のある染料。

つ

詰め綿

（wadding, pudding）（棉絮）
低密度の繊維集合体で，家具や寝装用品の詰め物，クッションとして用いられる。中綿，中入れ綿ともいう。

通気性

(air permeability)(透气)

物体の両側で圧力差がある時,物体を通して空気が通過する性質。通気性の試験には,フラジール法,KES 通気性試験法などがある。

使い捨てカイロ

(disposable pocket warmer)(一次性开罗)

化学カイロとも呼ばれ,鉄粉との化学反応を利用した簡易な暖房用品である。

使い捨てカイロの内袋

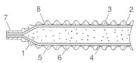

```
1：発熱組成物    2：樹脂フィルム   3：不織布
4：通気孔       5：樹脂フィルム   6：不織布
7：ヒートシール部  8：内 袋
```

[出典：不織布の基礎と応用,日本繊維機械学会(1993)]

使い捨てティッシュ

(disposable tissue)(一次性纸巾)

使い捨ての,軽い目付の薄地の紙や不織布の総称。

艶消し剤

(delusterant)(消光剤)

酸化チタンなどの微粒子を分散させて混入し,光沢を抑える材料。

て

テーバー摩耗試験法
(taber abrasion testing)（taber 磨耗试验法）
摩耗試験の1つで，回転円盤上の試験片表面を，摩擦子を回転させながら摩耗させて摩耗の程度を調べる試験方法。

テーラーコーン
(Taylor cone)（Taylor 锥）
ノズルの先端が円錐状になり，ナノファイバーがスピニングされる。この円錐部の形成を Taylor がグリセリンの高電圧下でのエレクトロスプレー現象から見つけたことから，この円錐形状を Taylor cone と呼ぶ。

テイカーイン
(taker in)（刺辊）
カード機において，供給された繊維塊を開繊除じんして，カードシリンダーへ供給するためのガーネットを巻いたローラー。リッカーインともいう。

テイクアップワインダー
(take up winder)（缠绕长丝的机器）
紡糸，延伸などでフィラメントを巻き取る機械。

テキスタイル
(textiles)（纺织品）
広義には，各種の繊維製品。

テキスタイルセンサー
(textile sensor)（纺织传感器）
テキスタイルセンサーとは，導電性織物を電極として利用し，人体の静電容量の変化を感知する静電容

量式のタッチセンサーや近接センサーのことである。
生体情報を正確に計測するためには，センサーを測
定対象により近づけることが効果的であるため，テ
キスタイル型のウェアラブルデバイスが，最近注目
を集めており，着るだけで心電情報を連続的に計測
できる繊維素材が実用化されるなど，テキスタイル
型の電子素材は目覚ましい発展を遂げている。特に，
着心地を犠牲にしないために，高導電性樹脂でコー
ティングした繊維や金属粉体に浸して含ませた糸な
ど，電子素材の開発が活発に進められている。

テクニカル・テキスタイル
（technical textiles）（技术纺织品）
テクニカル・テキスタイルは産業用繊維製品のこと
で，モバイルテキスタイル，医療用テキスタイル，
工業用テキスタイル，スポーツ用テキスタイル，建
設用テキスタイル，住宅用テキスタイル，衣料用テ
キスタイル，農業用テキスタイルなどがある。

テクスチャー
（texture）（质地）
繊維製品の感覚的な要素や，組織，材質の状態を含
む表現。風合いを表わすこともある。

テックス
（tex）（特克斯）
繊維・糸の太さを表わす国際的な単位。1,000m 当
たりのグラム（g）数で表わす。従来使用されてき
たデニール（d）にほぼ対応するデシテックス
（dtex）が使われることが多い。ただし，dtex の場
合は10,000m 当たりのグラム数で表わす。1dtex
は0.9d。

デシ綿
(desi cotton)（棉花在印度，巴基斯坦，緬甸种植）
インド，パキスタン，ミャンマーで栽培されている
綿花で，太くて短く弾力性が大きいため，ふとん綿
などに用いられる。

デニール
(denier)（旦）
繊維・フィラメント糸の太さを表わす番手法の一種。
9,000m当たりのグラム数で表わす（テックス 参
照）。

デリベリローラー
(delivery rolls)（送货卷）
繊維塊，スライバーなどを送り出すためのローラー。

た～と

低温プラズマ加工
(low temperature plasma finishing)（低温等离子
体处理）
プラズマ加工 参照。

低密度ポリエチレン
(low density polyethylene)（低密度聚乙烯）
高密度ポリエチレン 参照。

定性分析
(qualitative analysis)（定性分析）
物質の化学成分の種類を知るための化学分析。

定量分析
(quantitative analysis)（定量分析）
物質の化学成分の量を求めるための化学分析。

天然ゴムラテックス

（natural rubber latex）（天然橡胶乳胶）

天然ゴムの木から分泌した水分散液を濃縮した乳濁液状のもの。

天然繊維

（natural fiber）（天然纤维）

自然界で，すでに繊維状として存在している繊維。何から採れるかによって，植物繊維，動物繊維，鉱物繊維に分けられる。

点接着

（point bonding）（点粘合）

ポイント接着 参照。

添加剤

（additives）（添加剂）

難燃性，柔軟性などの機能上あるいは審美上の異なった性能を付与するために，物質に対して添加する薬剤。

電　圧

（voltage）（电压）

エレクトロスプレーでは2〜4kV，エレクトロスピニングでは5〜20kV の電圧を印加する。ただし，マルチノズルやフラットノズルの場合は，さらに高い30〜60kV の電圧を印加する場合もある。

電解質膜

（electrolyte membrane）（电解质膜）

電解質膜は，負極で生成した水素イオンを素早く正極に届ける働きをしている。電解質膜は，水素イオンを通しやすいように経路や並べ方をコントロールしつつ，強度と柔らかさといった相反する特徴を両立させている。

電界紡糸法

(electrospinning)（静電紡糸法）

エレクトロスピニングのこと。静電紡糸，電気紡糸
とも呼ぶ。

電気絶縁材料

(electrically insulating material)（電工絶縁材料）

プリント配線基板の電気絶縁材に，ガラス繊維不織
布が使用されている。また，電線ケーブルの中間製
品である線芯のテーピング，結束，被覆用としてス
パンボンド不織布（電線押さえ巻きテープ）が用い
られている

電気抵抗値

(electrical resistivity)（電阻値）

導体の電気抵抗の大きさであり，通常単位はオーム
(Ω)。

電気伝導率

(electrical conductivity)（电导率）

物質中を電気が流れる時，電流の密度は電場に比例
し（オームの法則），この比例定数を電気伝導率と
いう。

電気二重層キャパシタ

(electrical double layer capacitor)（双电层电容器）

電気二重層キャパシタは，電極と電解液（電解質塩
を含む），セパレーター（正負の電極の接触を防止
するもの）から構成されている。電極は，集電体上
に活性炭粉末を塗布した構成になっている。電気二
重層は，個々の活性炭粉と電解液が接する界面に形
成される。電気二重層キャパシタを充電すると，正
極側ではマイナスイオンと空孔が，負極側ではプラ
スイオンと電子が界面を挟んで配列する。このイオ
ンと電子（空孔）が配列した状態を電気二重層と呼

ぶ。これはイオンの物理的な移動により形成されるため、電池のような化学反応を伴わない。そのため、電気二重層キャパシタは充放電サイクル寿命に優れている。

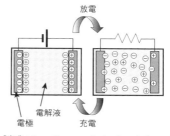

電気二重層キャパシタ

[出典：http://www.ach.nitech.ac.jp/inorg/kawasaki/main/work/capacitor.html]

電気紡糸

(electrospinning)（静电纺丝）
エレクトロスピニングの直訳。

電子線グラフト重合

(electron-beam grafting polymerization)（电子束接枝聚合）
電子線は、放射線の一種で、負の電荷をもつ粒子線である。電子線を高分子材料に照射すると、ラジカル開裂により高分子ラジカルが生成する。電子線グラフト重合では、このラジカルを開始点として、基材と異なる高分子をグラフト重合することにより、高分子材料に新たな性質を付与できる。

電磁波シールド

(electromagnetic shield)（电磁波屏蔽）
電磁波の伝達経路を遮断することによって、不要なノイズなどの侵入を防ぐこと。導電性繊維を用いたり、金属をめっき加工する場合が多い。

電線押さえ巻きテープ

(winding tape for power cable)（电线固定器卷绕胶带）

電力ケーブルや通信ケーブルの導体（銅線）を巻き込むためのテープ。

電池セパレーター

(battery separator)（电池分离器）

電池の正極と負極を隔離するとともに，電解液を保持することによりイオン伝導性を保持する目的で使用されるシート状のもの。バッテリーセパレーターともいう。

た〜と

電 流

(electric current)（电流）

エレクトロスピニングが起こっている状態の電流量はごくわずかで，5〜20μAぐらいである。

と

ト ウ

(tow)（丝束）

フィラメントの束のことで，トウを切断または牽引してステープルファイバーとする。

トウ開繊式

(tow opening)（纺粘）

トウを延伸捲縮し，幅方向に開繊，拡幅した繊維層を積層し，さらに延伸してウェブを作り，繊維間を熱接着して不織布を作る方法。ユニセル法が代表的。

トウ染色

(tow dyeing)（束染色）

トウの状態で染色すること。

トップ
(top)（毛条）
梳毛紡績工程の中間製品で，スライバーを円筒形に巻いたもの。羊毛トップともいう。

トップシート
(top sheet)（包衬复面纸）
皮膚に直接接触する紙オムツの部分。

トナークリーナー
(toner cleaner)（碳粉清洁剂）
静電記録式の複写機のトナー（色粉）を集じんする装置。ニードルパンチ不織布やサーマルボンド不織布が用いられている。

トラバース
(traverse)（穿程）
往復運動のこと。綾振りともいう。

トラペゾイド法
(trapezoid method)（梯形法）
ISO による引裂強さの試験方法。

トリクロロエチレン
(trichloroethylene)（三氯乙烯）
有機塩素系溶剤で，第 2 種特定化学物質に指定され，水質汚濁防止法にもとづいて排水基準が定められている。

ドクターブレード
(doctor blade)（刮刀）
鋼製の薄い細長い板で，グラビア印刷などにおいて，凹版または孔版部に接着剤やインクなどを供給し，余分の接着剤やインクを掻き取る目的で用いる。

ドッファー（カードドッファー）
（doffer）（道夫）
カードの最後のシリンダーで，メインシリンダー表面の繊維を受け取るために針布やメタリックワイヤーを巻いたシリンダー。

ドラッグデリバリーシステム
（drug delivery system：DDS）（薬物輸送系統）
薬物の効果を最大限に発揮させるために，理想的な体内動態になるよう制御する技術・システムのことで，必要最小限の薬物を，必要な場所（臓器，組織等）に，必要な時（タイミングおよび期間）に供給することを目指している。

ドラフター
（drafter）（牽伸机）
ウェブまたはラップの繊維配列を変えるか，あるいは薄物の生産性を高めるために，ローラー間で引き伸ばす装置。

ドラフト
（draft）（牽伸）
カードウェブや繊維の束などを，長さ方向に引き伸ばして細くすること。牽伸ともいう。

ドレープ
（drape）（懸垂）
外科手術の時に患者に掛ける覆布で，手術部位のみを露出し，それ以外の患者の身体を覆うために用いる。

ドレープ性
（drapability）（懸垂性）
織物の剛軟性を表わす指標の1つで，布を掛けた時に垂れ下がる状態から判定する。

ドレッシング
(dressing) (对于伤口覆盖/保护材料，绷带)
医療行為で使用される創傷被覆・保護材のことで，包帯などを含む。

ドローイング
(drawing) (延伸)
形成されたフィラメントを伸長し，直径を小さくすると同時に，フィラメント中の高分子を配向させること。延伸と同意語。

塗膜防水材
(coated waterproofing textile) (涂膜防水材料)
防水性の樹脂をコーティングして，屋根や壁の防水に用いるシート状の材料。

た～と

透湿性
(moisture permeability) (透湿性)
水蒸気が透過する性質。

透湿防水加工
(moisture permeable waterproofing) (防水透气)
水蒸気を通過させるが，水は通過させないための加工。水蒸気の直径は$0.004\mu m$で，水滴の直径は$100～300\mu m$であるため，この値の間の大きさの細孔を有する膜を用いたり，高密度織物にする方法がある。

透水性
(permeability) (渗透性)
ジオテキスタイルの，面に垂直な方向に水を通過させる性質。

等方性
（isotropic）（各向同性）
方向によって性質が変わらないこと。不織布中の繊維の配向状態がランダムな場合には力学的等方性を示す。

導電性繊維
（electro-conducting fiber）（导电纤维）
一般的に，体積固有抵抗が$10^7 \Omega \cdot$cm程度以下の繊維を指し，静電気や電磁波による障害を防止する用途で用いられる。

導電性ナノファイバー
（conductive nanofibers）（导电纳米纤维）
電気を通すナノファイバーであり，ナノファイバー中にCNTや銀ナノ粒子を含有させたものや導電性高分子のポリピロールなどをナノファイバーにしたものなどがある。

動物繊維
（animal fiber）（动物纤维）
動物の体毛から採取した繊維。

特別管理廃棄物
（specially controlled waste）（特殊控制废物）
産業廃棄物のうち，医療用具，実験動物，爆発性物質，放射性物質，有害物質などを含む廃棄物。

な 行

な

ナイフコーティング
（knife coating）（刮刀涂布）
固定されたナイフを用い，比較的高粘度のコーティング剤を塗布するのに適している。

ナイロン
（nylon）（尼龙）
ポリアミドのこと。アメリカの W.カロザースが，1935年に初めて作った合成繊維である。当初は商品名であったが，のちに一般名として使われるようになった。アジピン酸とヘキサメチレンジアミンから作られるナイロンはナイロン66，ε-カプロラクタムの開環重合でできるナイロンはナイロン6という。ナイロンは，耐摩耗性および耐衝撃性が優れており，繊維として広く使われるほか，機械部品や日用品としての用途もある。

ナイロン繊維
（nylon fiber）（尼龙纤维）
単量体がアミド結合で連なったポリマーからなる繊維。ナイロン6とナイロン66が有名。それ以外にもいくつかの種類がある。

ナップ
（nap）（使拉毛，绒毛在布面上）
布表面の毛羽。起毛した織物はナップドクロス（napped cloth）という。

な～の

ナノサイズ効果

(nano size effects)（纳米尺寸效果）

低圧力損失（繊維径がナノサイズレベルになると，後方で発生する渦が消失し，抵抗が大幅に減少する現象）や高透明（繊維径が光の波長400〜700nm より小さいので，乱反射しにくく透明性が高くなる）な材料が期待される。

ナノファイバー

(nanofiber)（纳米纤维）

ナノファイバーの定義は，厳密には100nm 以下の繊維径をもつファイバーと考えられるが，最近では1μm 以下のサブミクロンオーダーの繊維も含めて呼ぶことが多い。また，繊維径だけでなく，ナノ構造をもつ繊維も注目されている。

ナノファイバー製造技術

(nanofiber manufacturing technology)（纳米纤维制造技术）

大別すると，トップダウン型（複合紡糸法）とボトムアップ型（エレクトロスピニング法）になる。ナノファイバー製造技術には，液晶生成（liquid crystal growth），エレクトロスピニング（electro spinning），フォーススピニング（force spinning），エレクトロブローイング（electro blowing）などがある。

エレクトロスピニング技術には，一般的なノズル型以外に，廣瀬製紙の「エレクトロバブルスピニング」(electro bubble spinning)，エルマルコ社の非ノズル式「ナノスパイダー」など，各種の方法が考案されている。

捺　染

(printing)（打印）

布に各種の模様を付けること。ローラー捺染，ロー

タリースクリーン捺染，インクジェット捺染などが
ある。

中　綿

（padding）（填充）

衣服や寝具などの側地の内側に詰めるものの総称。
中入れ綿ともいう。

長網方式

（fourdrinier wire type）（长网线型）

湿式のウェブ形成方式で，設備規模が大きく，大量
生産向きである。

生　糸（なまいと）

（flat yarn, gray yarn）（原丝，蚕丝）

加工していないフィラメント。テクスチャード加工
糸に対する用語。原糸ともいう。また，繭糸を何本
か合わせて1本の糸にしたものも生糸という。

な～の

軟化点

（softening temperature）（软化点）

熱可塑性高分子を加熱した時，急激に弾性係数が低
下する温度。

難燃性

（flame retardant）（阻燃性）

燃焼しにくい性質。炎に触れている間は燃えている
が，炎を遠ざけると消える性質。不燃性は炎に触れ
ても燃焼しない性質のこと。

難燃繊維

（flame-retardant fiber）（阻燃纤维）

LOI値が26以上の繊維。

に

2軸配列ナノファイバー
（biaxial nanofiber arrays）（双轴阵列纳米纤维）
xy方向に，きれいに配列させて作られたナノファイバーのこと。細胞培養の足場などに期待されている。

［出典：http://www.mecc.co.jp/html/technology/nanofiber_1.htm］

2成分繊維
（bi-component fiber）（双组分纤维）
2種のポリマーから構成されている繊維。サイドバイサイド型や芯鞘型などがある。バイコンポーネント繊維ともいう。

2流体ノズル
（two fluid nozzle）（气动雾化喷嘴）
1流体は，液体を圧縮してノズルから噴出し，細かく砕いた霧状の液体を噴霧する方式である。2流体

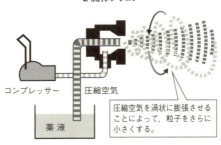

に比べて霧の粒子が粗めである。2流体の霧は、1
流体の要素にコンプレッサーで圧縮した空気をさら
に一緒に送り込み、より細かい粒子の霧を放出する。
加湿、調湿、ミスト冷却、コーティング剤の塗布や
粘性液の噴霧も可能である。

ニードル
(needle)（針）
ニードルパンチ機で用いられる針のことで、バーブ
と呼ばれる切り込みがあり、これに繊維が引っ掛か
り、絡み合って結合する。

代表的なニードルの形状と使用の一例（下）

1:シャンク部　2:クランク部　3:中間ブレード部　4:ブレード部　5:バーブ

[出典：Nonwoven Textiles, p.83, Carolina Academic Press（1998）]

ニードル貫通深さ
(penetration depth)（針入度深度）
ニードルパンチ不織布において、針がウェブを貫通
する時の深さ。

ニードル貫通密度
(penetration density)（針入度密度）
ウェブを貫通する針の $1\,cm^2$ 当たりの本数。

ニードルパターン
(needle patern)（針形図案）
針を植え込む時の模様で、製品のニードルマークの

発生などに影響する。

ニードルパンチカーペット
(needle-punched carpet)（針刺地毯）
ニードルパンチ法による不織布製のカーペット。

ニードルパンチ法
(needlepunching method)（針刺法）
古くからフェルトを作る方法として用いられてきた方法で，針の長さ方向に沿って特殊な形状の溝（バーブ）をもつ針をウェブに突き刺し，ウェブ中の繊維どうしを絡ませて不織布を作る。ニードルにはバーブと呼ばれる棘のようなものが数個以上貫通方向に逆らうように配置されていて，このバーブに繊維が引っ掛かり，繊維どうしが絡み合う。最近は針形状の改良もあり，高速生産を実現している。ニードルパンチ法では，ニードルの種類，形状，ニードルパターン，パンチング方式，パンチング密度などが不織布の力学的性能に影響をおよぼす。カーペットの場合は，ニードルパンチカーペットといわれる。

ニードルパンチの製造原理

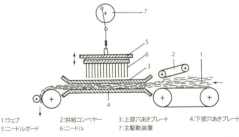

1:ウェブ　2:供給コンベヤー　3:上部穴あきプレート　4:下部穴あきプレート
5:ニードルボード　6:ニードル　7:主駆動装置

［出典：Nonwoven Textiles, p.80, Carolina Academic Press (1998)］

ニードルフェルト
（needle felt）（针毡）
ニードルパンチ法によって作られたフェルト。

ニードルボード（needle boad）（针板）
ニードルパンチ機の部品で，ニードルを植えた板。

ニードルマーク
（needle mark）（针痕）
ニードルパンチ時に針の貫通位置が集中することによって，布に現われる穴の跡。

ニードルルーム（ニードルパンチ機）
（needle loom, needle punching machine）
（针刺机）
ニードルパンチ法で不織布を作る機械で，ファイバーロッカー（fiber locker）ともいう。

ニップ
（nip）（轧点）
一対のローラーの接触点。ローラーニップともいう。

二酸化炭素
（carbon dioxide）（二氧化碳）
有機物の燃焼によって発生する化合物。炭酸ガスともいう。

二酸化チタン
（titanium dioxide）（二氧化钛）
チタンの酸化物。TiO_2 で，式量79.9の無機化合物。

二次基布
（secondary backing cloth）（二级基布）
ラテックスによる裏打ち加工によって，カーペットの裏に貼り合わせる布。

な〜の

二次転移点

(second order transition temperature)（二阶过渡）

Ehrenfest の相転移の定義にしたがうもので，比容積，エンタルピー等の熱力学的性質には不連続性がなく，その温度に関する一次微分である熱膨張係数や比熱に不連続性がある転移をいう。高分子では，ガラス転移がそれに相当する（ガラス転移点 参照）。

乳化剤

(emulsifier)（乳化剂）

エマルションの形成と安定化のために用いられる界面活性剤。

ぬ

ヌバック

(nubuck)（牛巴革，磨绒面皮）

牛皮の銀面（表皮）を，サンドペーパーなどを用いて滑らかにした皮革。

布

(fabric, cloth)（布）

主として繊維材料から構成されている平面状のもの。

ね

ネッキング

(necking)（缩颈）

高分子固体を延伸する時，全体が均一に延伸されず，未延伸に近い部分にくびれが生じる現象。

ネップ

（nep）（棉结，毛粒）

繊維がもつれてできた小さな塊。

ねじり

（torsion）（扭转）

軸に直角な平面内において，軸に回転を与えるようにモーメントを加えること。

熱圧接着

（thermal press bonding）（热压缩粘合）

不織布製造工程で，接着剤を用いてウェブ中の繊維どうしを加熱カレンダーで圧着させる方法。

熱安定剤

（heat stabilizer）（热稳定剂）

熱による変質，劣化を防ぐための薬剤。

熱可塑性

（thermoplastics）（热塑性）

加熱によって軟化変形した後，熱を取り去ってもそのままの形を保持する性質。

熱硬化性

（thermosetting）（热固性）

加熱によって縮重合あるいは重合が進み，硬化する性質。

熱処理

（heat treatment）（热处理）

一定の条件で加熱し，化学的または物理的手段も併用して，繊維の性質を改良すること。

熱的接着法

(thermal bonding)（热压缩粘合）

サーマルボンド法 参照。

熱伝達

(heat transfer)（传热）

対流と同義語。流体中に温度の異なる部分が局所的に生じると，その部分は膨張あるいは収縮して軽くなるか重くなり，流体中を動く。これが自然対流で，ファンなどにより強制的に流れている流体の間にも温度差があれば熱移動がある。これを強制対流という。流れる熱量は温度差に比例し，この比例定数を熱伝達率という。

熱伝導

(heat conduction)（热传导）

固体内で，温度の高い方から低い方へ熱が流れる現象。流れる熱量は温度勾配に比例し，この時の比例定数を熱伝導率という。熱伝導率は一般に，気体，非金属固体，液体，金属の順に大きくなり，身近な物質では空気の熱伝導率が最も小さく，微小な空気を多く含む布ほど熱伝導率は小さい。不織布の熱伝導率（λ_F）は，繊維自体の伝熱抵抗と繊維どうしの接触熱抵抗とが直列につながって1つの抵抗を形成し，それと空気の伝熱抵抗を考慮して，これら2つの伝熱抵抗が不織布中で並列に入っているモデルと仮定して表わすことができる。この場合，不織布の熱伝導率は次のように表わすことができる。

$$\lambda_F = (1-f) \cdot \lambda_a + 1/(1/(f \cdot \lambda_f) + 1/(f \cdot \lambda_C))$$

ここで，λ_fは繊維の熱伝導率，λ_Cは繊維どうしの接触部の熱伝導率，λ_aは空気の熱伝導率，fは体積分率。

熱輻射

（heat radiation）（热辐射）

熱放射と同意語。温度差のある物体間の電磁波の輻射である。輻射エネルギーは物体に衝突すると，反射，吸収，透過する。それらの入射エネルギーの割合を，それぞれ反射率，吸収率，透過率という。熱輻射による熱移動を防ぐには，反射率の大きい物体で表面を覆うことが必要である。

熱分解

（thermal decomposition）（热裂化）

有機物などが熱で分解すること。熱分解温度以上になると，高分子の種類により，水，二酸化炭素，塩酸などを放出し，低分子化，重量減少を生じる。

熱リサイクル

（thermal recycle）（热回收）

廃棄物を焼却炉で燃やす際に発生する熱を再利用すること。サーマルリサイクルともいう。

粘　度

（viscosity）（粘性）

流体の流動に対する抵抗（粘性）の大きさを示す量で，内部摩擦係数（coefficient of internal friction），粘性率（coefficient of viscosity），粘性係数（coefficient of viscosity）ともいう。ニュートンの法則により，せん断力を速度勾配で割ったもの。

粘度計

（viscosimeter）（粘度计）

流体の粘度を測定する装置。

燃焼試験

（flammability test）（燃烧测试）

物質の防炎性，燃焼性を測定する試験方法。

燃料電池

(fuel cell)(燃料电池)

水素と酸素を化学反応させて発電する装置のこと。電池という名前がついているが、電気をためておくものではない。燃料電池の燃料となる水素は、天然ガスやメタノールから作るのが一般的である。酸素は、大気中から取り入れる。

電池の分類とその構成

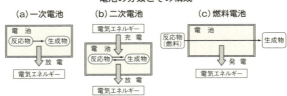

[出典:Future Textiles, p.372, 繊維社 (2006)]

燃料電池の発電原理

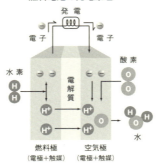

[出典:Future Textiles, p.372, 繊維社 (2006)]

の

ノーキックアップバーブ
（no kick-up barb）（无刺突倒钩）
ニードルパンチ機に使う針のバーブが，バーブの稜線より突き出ていないもの。

ノズル
（nozzle）（喷嘴）
紡糸工程や水流交絡法において，ポリマーを空気中や凝固浴中に吐出させる時に用いる微小な孔を有する部品。

ノズル針
（nozzle needle）（喷嘴针）
溶液をスピニングする金属製のノズル部分である。注射針の先をカットしてフラットにするか，すでにフラットになったノンベベル針（テルモ製）を利用するのが経済的である。内径が0.5〜1.0 mm（18〜22 G）がよく用いられる。ノズル針にプラス電極を接続する。

ノニオン界面活性剤
（nonionic surfactant）（非离子表面活性剂）
非イオン界面活性剤のこと。

ノンホルマリン加工
（formaldehyde nonreleasing finishing）（非福尔马林处理）
加工後に，遊離ホルムアルデヒドが出ない樹脂加工仕上。

な〜の

は 行

は

ハイグラルエキスパンション
(hygral expansion)（湿膨脹）
羊毛繊維が，水分を吸収または放出して伸縮する現象。

ハイドロフォーマー
(hydroformer)（斜網成形）
傾斜ワイヤー部に繊維懸濁液を流し掛け，制脱水することによりウェブを形成する，湿式のウェブ形成方式。

ハイロフト
(highloft)（高蓬松布）
低密度で厚い，あるいは嵩高なことで，またそのような布の総称。

ハウス内張りカーテン
(greenhouse liner curtain)（房子衬里窗帘）
ハウス栽培において，冬期に暖房と湿気によって生じる水滴の凝集を防止するためのカーテン。

ハウスラップ

(house wrap)(房子包装，用非织造布覆盖整个房子)

寒冷地などにおいて，室内温度と外気温の差が大きい場合に水分が凝縮し結露を生じるが，それを防ぐために家屋全体に不織布を被せること。主としてフラッシュ紡糸不織布が用いられている。

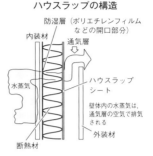

[出典：不織布の基礎と応用，p.356,日本繊維機械学会（1993）]

ハンドルオメーター法

(handle-o-meter method)(手柄計量法)

剛軟性の測定方法の1つ。

パームポロメーター

(parm porometer)(气孔計)

多孔材料の細孔径分布を測定する装置。

パウダー接着

(powder bonding)(粉末結合，粉末粘附)

接着剤をパウダー状にし，それを熱で溶融させて接着する方法。非連続工程による加工。

パディング

(padding)(衬垫)

処理液中を通過させ，浸漬後にロールで含浸液を絞る処理のこと。

パップ剤基布
(cataplasm base cloth)（膏状薬基布）
経皮吸収剤を含浸した，あるいは塗布するための基布。

パラ系アラミド繊維
(poly p-phenylene terephthalamide fiber)
(Para 型芳纶纤维)
ポリパラフェニレンテレフタラミド（PPTA）を濃硫酸に溶解し，液晶紡糸法で作られる高強力・高弾性率繊維。

パラレルウェブ
(parallel web)（平行网）
繊維の方向が，ほぼ同じ一方向に配向した繊維で構成されているウェブ。

パラレル・レイ
(parallel lay)（平行躺着）
繊維を平行に並べること。

パルプ
(pulp)（纸浆）
木材中のセルロース繊維。

パンチング密度
(punching density)（冲孔密度）
ニードルパンチ法において，単位面積当たりのパンチング数。

バーストファイバー法
(burst fiber)（爆裂纤维）
発泡剤を含むポリマーを溶融し，紡糸工程で発泡（バースト）させ，極微細な網目状の不織布を作る方法。

は〜ほ

バーティカルドレイン

(vertical drainage)(垂直排水)

プラスチックドレインとも呼ばれ、埋立地などの土中の水分を除去するために用いられるプラスチックと不織布との複合品。

バーブ

(barb)(倒钩)

ニードルにある棘のような切り目のこと（ニードル参照）。

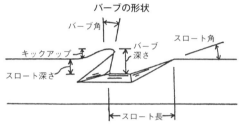

[出典：Nonwoven Textiles, p.83, Carolina Acaemic Press]

バイアス

(bias)(偏压)

たて・よこ方向に対する斜め方向のこと。

バイアスカットファイバー

(bias-cut fiber)(斜切短纤)

一定長カットではなく、繊維長分布をもたせた合繊の短繊維。

バイオセルロース

(biocellulose)(生物纤维素)

バイオセルロースは、植物由来の原料に酢酸菌の一種であるナタ菌を植え付け、培養発酵することにより作られたナノファイバーマットである。2〜100 nm のナノファイバーから構成されたシートは、化

粧品に利用される。

バイオナノファイバー
(bionanofiber–based materials) (生物纳米纤维)
キチンおよびセルロースのような生物や，植物由来のナノファイバー。

バイオポリマー
(bio–polymer) (生物聚合物)
石油や石炭に依存しない，生物や植物を原料にして合成されたポリマー。

バイオマテリアル
(biomaterial) (生物材料)
生体に移植することを目的とした，生体適合性に優れた材料。人工関節やデンタルインプラント，人工骨および人工血管用の素材。

バイオミメティック繊維
(bio–mimetic fiber) (生体擬似繊維)
繊維や布の構造を自然界のものに似せて作った繊維。このように生物の機能を模擬し，これを工学的に応用する技術をバイオミメティクス（bio–mimetics）という。

バイコンポーネント繊維
(bicomponent fiber) (双组分纤维)
二成分繊維　参照。

バインダー（接着剤）
(binder) (粘合剂)
ウェブ中の繊維どうしを接着するための接着剤。バインダーの種類と性能を次表に示す。

樹脂の種類と性能

メーカー	使用素材	主な製品
A社	高いバクテリア性，撥水性＋バリア性のタイプもある不織布「ソンタラ」（スパンレース方不織布）	滅菌ガウン，メディカルキャップ
B社	布の柔らかさに，優れたバクテリアバリア性と，無塵性を兼ね備えた新しいタイプの不織布（スパンボンド不織布）	ソフトガウン
C社	撥水性，通気性に優れ，ソフトな肌ざわりの，手術用ガウン専用に開発された不織布（湿式不織布）	サージカルガウン
D社	低リント性，強靭性，バクテリアバリア性に優れた不織布「ファブリック450」（スパンレース法不織布）	サージカルガウン，マスク付サージカルガウン，バイオクリーンルーム用ガウン

[出典：木村，高橋，繊消誌，**17**，285（1976）]

バインダー含有量
（binder content）（粘合剤含量）
繊維重量の百分率で表わした接着剤の重量。

バインダー繊維
（binder fiber）（粘合纤维，可熔纤维）
ウェブ中の他の繊維より融点が低い繊維で，熱を加えると溶融し，接着剤として働く。融着繊維ともいう。

は〜ほ

バグフィルター
（bag filter）（袋式过滤器）
空気浄化用に用いる袋状のフィルター。袋の内側から外側に通気させる場合と，その逆の場合がある。粉じんが堆積して圧力損失が一定以上になると，パルスジェットなどによって堆積粉じんを払い落とす。

バッキング剤
（backing agent）（背衬剤）
基布を接着するための薬剤。カーペット用にはSBR樹脂を使用する場合が多い。可塑剤や安定剤などを混入する場合もある。

バックシート
（back sheet）（底衬）
紙オムツの裏面全体をカバーするシート。

バッチテスト
（patch test）（补丁测试）
皮膚に貼り付けて行う試験。被験物質を経皮吸収させることにより行う。

バッティング
（batting）（棉絮）
嵩高で柔らかい繊維集合体で，通常カード機で作成されたものを指す。バットともいう。

バッテリーセパレーター
（battery separator）（电池分离器）
電池セパレーター 参照。

バルキー加工
（bulk-texturizing）（蓬松纱）
嵩高加工のこと。

破裂強度
（bursting strength）（突发强度）
物体の破裂さに対する強さ。

配　向
（orientation）（方向）
繊維あるいは高分子鎖が繊維軸方向に平行に並ぶこと。その程度を配向度という。

排　水
（drainage）（排水，引流）
透水性のジオテキスタイルの面内を通して水を除去すること。

排水用ドレーン材

（drainage materials）（排水材料）
土中の水を排水するために用いられるシート状の資材。

廃棄物処理法

（waste-disposal and cleaning law）（廃物処理方法，有关废物处理和清洁的法律）
廃棄物の処理および清掃に関する法律の略。廃棄物に関する，適切な処理，不法投棄の防止，廃棄物の減量化，リサイクルの促進などが含まれる。

剥離強度

（peel strength）（剥离强度）
剥がすために必要な強さ。

撥水加工

（water-repellent finishing）（防水処理）
撥水性を付与するための加工で，加工剤としてパラフィン，ワックス，シリコン系樹脂，フッ素系撥水剤などがある。

は～ほ

撥水性

（water repellency）（防水性）
水をはじく性質。

幅方向（横方向）（CD）

（cross direction）（宽度方向）
機械方向と直角な方向のことで，不織布の各種性質の異方性を MD/CD の比で表わすことが多い。

反　毛

（shoddy）（再生毛）
いったん製品になった布などを，反毛機に掛けて綿状の繊維に戻すこと。

半合成繊維
(semi-synthetic fiber)（半合成纤维）
再生繊維と同じく天然高分子を原料とし，その化学
構造の一部を変えて繊維状にしたもの。アセテート
が代表的な繊維。

番　手
(count)（支）
繊維や糸の太さを表わす表示法。恒重式番手法と恒
長式番手法があり，前者は一定の重さの繊維や糸に
対する長さで表わし，後者は一定の長さの繊維や糸
に対する重さで表わす。

ひ

ヒートセット
(heat setting)（热定型）
合成繊維の加熱による形態固定。紡糸後の繊維に残
る内部ひずみを除くため，加熱した後に冷却すると，
分子の配列状態が向上し，安定した状態になる。

ピグメント（顔料）
(pigment)（颜料）
鉱物質または有機質の，白色または有色の固体粉末
で，水や油に溶けない着色剤。

ピッカーローロータイプ
(picker rotor type)（旋转开松法）
エアレイド法において，針の付いたピッカーロール
でパルプシートを引っ掛けて解繊し，金網上でウェ
ブを形成する方式。

ピリング
(pilling)（起球）
外部からの摩擦によって布を構成する繊維が毛羽立ち，絡み合って小さな毛玉（pill）となり，布表面にとどまった現象。

ピンキング
(pinking)（用锯齿剪刀修剪）
布を，鋸歯状にギザギザに切ること。

ビーズ
(beads)（数珠）
溶液濃度が薄いとナノファイバーにならずに微粒子ができる。これらの微粒子は独立している場合もあるが，微粒子の両端がナノファイバーでつながった数珠構造をとることも多い。一般に，この微粒子のことをエレクトロスピニングではビーズと呼ぶ。

ビーター
(beater)（打浆机）
繊維塊などに打綿作用を与え，開繊と除じんを行う機械部分。

ビーム染色
(beam dyeing)（经轴染色）
糸や布をビームに巻き付けた状態で染色すること。

ビスコースレーヨン
(viscose rayon fiber)（粘胶人造丝纤维）
木材パルプを原料として，湿式紡糸によって作った再生繊維。単にレーヨンともいう。

ビニロン繊維
(vinylon fiber)（维尼纶纤维）
ポリビニルアルコール（PVA）を主成分とした，

日本で実用化された繊維。合成繊維の中では水分率が最も大きい。

ひずみ（歪）
(strain)（応変）
変形量を元の長さで割った値。

火花放電（スパーク）
(spark discharge)（火化放電）
電極間に大電流が流れると，気体が加熱され，高温になることから光が発生する。雷は空気の上昇による摩擦で静電気が発生し，電気を大量に蓄積した積乱雲と地面間に発生する大規模な火花放電である。

比色法
(colorimetric method)（比色法）
フィルターの試験方法で，試験片の測定前後のフィルターの汚れを比較して判定する。

比　重
(specific weight)（比重）
ある物質の密度（単位体積当たりの質量）と，基準となる物質の密度との比。固体および液体の場合は水（4℃）の密度との比，気体の場合は同温度，同圧力での空気の密度との比で示される。

比表面積
(specific surface)（比表面積）
物体の単位質量当たりの表面積で，場合によっては単位体積当たりの表面積を指すこともある。

非晶性高分子
(amorhous polymer)（无定形聚合物）
結晶領域を有しない高分子。

引裂強さ

（tearing strength）（撕裂強度）

布を引き裂く時の抵抗強さ。

引張強度

（tensile strength）（拉伸強度）

布を引っ張った時に切断する時の強さ。引張特性に
関しては，引張強度（切断強度，破断強度），切断
伸度，初期ヤング率（弾性率，縦弾性係数），タフ
ネス（伸長仕事量，静的引張破壊エネルギー）で評
価する場合が多い。ここで初期ヤング率は引張初期
の応力－ひずみ曲線の傾きであり，この値が大きい
と引張硬く，コシがある不織布となる。タフネスは
応力－ひずみ曲線と横軸との間の面積で表わされ，
この値が大きいと破断に要するエネルギーが大きく，
丈夫な不織布となる（弾性回復 参照）。

引張特性

（tensile property）（拉伸性能）

布を引っ張った時の力とひずみ（伸び率）との関係
をいう。

は～ほ

疲労抵抗

（fatigue resistance）（抗疲労）

反復する応力に対する材料の抵抗性。

微生物劣化

（microbiological degradation）（微生物悪化）

微生物の作用により，強力や性能が低下する現象。

光触媒

（photocatalyst）（光催化剤）

光を照射することにより，触媒作用を示す物質の総
称。自身は反応の前後で変化しないが，光を吸収す
ることによって反応を促進するもので，酸化チタン

が有名。

光伝導繊維（光ファイバー）
（optical fiber）（光纤）
離れた場所に光を伝える伝送路の役割を果たすもので，プラスチック，ガラス製の光ファイバーがある。

光劣化
（photochemical degradation）（光恶化）
光のエネルギーを吸収することにより生じる材料の化学的変化によって，強力や性能が低下すること。

表面エネルギー
（surface energe）（表面能）
液体の表面積を増加させるために要するエネルギー。

表面張力
（surface tension）（表面张力）
表面をできるだけ小さくしようとする液体の性質またはその力のことで，表面張力（液体の凝集力）が大きいほど大きな球になる。

漂　白
（bleaching）（漂白）
繊維または布の白度を高めるために，布中の有色不純物を，過酸化物，塩素化合物，亜硫酸で酸化または還元して破壊除去すること。

標準偏差
（standard deviation）（标准偏差）
分散の平方根。

ふ

フィードローラー
（feed roll）（送料辊）
繊維塊やスライバーなどを供給するためのローラー。

フィーリングモーション
（feeling motion）（探測装置）
ホッパー内の繊維量を感知し，その量を調整する運動または装置。

フィブリル化
（fibrillation）（纤丝）
繊維が，繊維を構成している微細繊維であるフィブリルに細分化する現象。

フィブロイン
（fibroin）（丝素蛋白）
絹の主成分のタンパク質。

フィブログラフ
（fibrograph）（測量纤维长度的机器）
繊維長を測定する機械。

フィラー
（filler）（填料）
充填剤のことで，強度や耐久性を改善したり，または増量したりする目的で試用される。

フィラメント（長繊維）
（filament）（长纤维）
ステープルファイバーに対応する言葉で，連続した極めて長い繊維をいう。

は〜ほ

フィルター

（filter）（過濾器）

気体あるいは液体中の微粒子を捕捉する目的で用いられるもの。不織布の構造的特徴により，不織布はフィルターとして多く使用されている。フィルターは種類が多く，大きく湿式フィルターと乾式フィルターに分類されるが，エアフィルター，液体フィルター，バグフィルター，ガス除去フィルター，エレクトレットフィルター，粗じん用エアフィルター，中高性能エアフィルター，HEPA フィルター，ULPA フィルター，脱臭フィルター，塩分除去フィルターなど，捕捉する粒子の種類や大きさ，およびフィルターの構造などによって，さまざまなものがある。乾式と湿式ろ過の媒体を次に示す。

いろいろな粉じん

粒径 (µm)	0.0001	0.0005	0.001	0.005	0.01	0.05	0.1	0.5	1	5	10	50	100	500	1,000	5,000	10,000
雨粒														■	■	■	
ミスト												■	■	■			
髪の毛												■	■				
くしゃみ									■	■	■	■	■				
花粉										■	■	■					
霧						■	■	■	■	■	■						
フライアッシュ							■	■	■	■	■	■					
セメント						■	■	■	■	■	■	■					
殺虫剤（粉剤）							■	■	■	■	■	■					
石炭							■	■	■	■	■	■	■				
鋳造製錬の粉じん						■	■	■	■	■	■	■					
バクテリア						■	■	■	■	■							
顔料					■	■	■	■	■								
鉛粉じん					■	■	■	■	■								
オイル煙			■	■	■	■	■										
タバコ煙				■	■	■	■	■									
鉛ヒューム			■	■	■	■											
亜鉛ヒューム				■	■	■	■										
冶金，粉じん・ヒューム			■	■	■	■	■	■									
カーボンブラック			■	■	■	■											
石英	■	■	■	■	■	■	■	■	■	■	■	■	■	■	■	■	■

目で見えない ／ 目で見える

［出典：これからの自動車とテキスタイル，p.79，繊維社（2004）］

各種フィルターとろ材

ろ材 ＼ フィルター	乾式ろ過												湿式ろ過							
	バグフィルター		エアフィルター										液体フィルター							
	バグ	カートリッジ	マスク	ビル空調	クリーンルーム用エアフィルター	電気掃除機用エアフィルター	空気清浄器（車室・室内）	エアコン	OA機器用フィルター	自動車用エアクリーナー	二輪車用エアクリーナー	自動車排ガス用	カートリッジフィルター	フィルターバッグ	コーヒーろ紙	ティーバッグ	廃水処理等のろ布	血液精製用	油圧フィルター	自動車用オイルフィルター
フェルト	◎	○		○									○				○		○	
湿式不織布			○					○					○		○				◎	◎
樹脂接着不織布					◎								○				◎			
熱接着不織布				○			○	○												
ニードル不織布																				
スパンボンド不織布		◎					○						○	○						
メルトブローン不織布			◎	○	○	△		◎		◎			○			○				
ろ紙（パルプ）							○								◎	○				
ガラスろ紙				○	○	○													○	○
ガラスマット																				
織物、編物													○				◎			
スポンジ（発泡体）	△								○				○							
メンブレン（膜）													○							
金属メッシュ													○	○						
セラミック	△											◎	○							

注）エアフィルターではエレクトレット加工が増加，全般的に複合化がさかん。
［出典：機能性不織布の最新技術，p.38，東レリサーチセンター（2001）］

フィルターケーキ

（filter cake）（滤饼）

フィルターの表面，または近接部分に累積された微細粒子の層。

フィルター効率

（filter efficiency）（过滤效率）

フィルターの捕集効率のこと。

フェーシング

(facing)（面）

表面のこと。

フェードオメーター

(fade-o-meter)（退色計）

染色堅ろう度のうちの日光堅ろう度を測定する機械。一般的に，カーボンアーク灯を用いて一定時間曝露後の変退色の程度を測定する。

フェイクファー

(fake fur)（人造毛皮）

人工毛皮のことで，天然の毛皮に似せてアクリル繊維などで人工的に作ったもの。

フェルト

(felt)（毡）

羊毛などに水分，熱，圧力を掛け，縮充させてシート状にしたもの。また，ニードルパンチ法によるニードルフェルトや織フェルトもある。

は〜ほ

フェルトペン

(felt pen)（毡筆）

ペン先にフェルトを使用し，毛細管現象によってインクを吸い出す筆記用具。

フェルト化防止剤

(antifelting agent)（毡抑制剤）

フェルト化を防止するために用いる薬剤。羊毛繊維のスケールを除去するための塩素系薬剤と，表面を被覆するための合成樹脂などがある。

フォークトモデル

(Voigt model)（沃格特模型）

粘弾性体の力学モデルの1つで，弾性を表わすバネ

と粘性を表わすダッシュポットを並列に組み合わせたもの。

フォークニードル
(fork needle)(叉子针)
ニードルパンチ法で用いる二股の形状の針。

フォトクロミック繊維
(photochromic fiber)(光致变色纤维)
光によって色が変わる繊維。

フッ素繊維
(fluoro fiber)(氟纤维)
ポリフルオロカーボンを繊維にしたもの。PTFE（4フッ化エチレン樹脂、あるいはポリテトラフルオロエチレンと呼ばれる）が代表的。

フラジール法
(fragile method)(fragile 法)
通気性の試験方法の1つ。

フラッシュ紡糸法
(flash spinning)(闪纺)
ポリマー溶液を、一定条件でノズルから紡糸し、紡糸直後に溶剤を膨張させ、飛散した繊維をスクリーン上に積層した後、繊維間を結合する方法。この方法で得られる繊維ウェブは、極細

フラッシュ紡糸法の概略

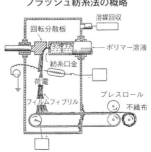

[出典：合繊長繊維ハンドブック（改訂版）、日本化学繊維協会合繊長繊維不織布専門委員会]

フラッシュ紡糸口の構造

[出典：不織布の製造と応用, p.111, シーエムシー (2000)]

の繊維が網状に連結したものから構成されているため, 一般的に柔らかく, 強いのが特徴である。フラッシュ紡糸法の概略と紡糸口の概念を図に示す。

フラットノズル
(needle free nozzle)（无針）
ノズルを使わずにエレクトロスピニングする方法。表面張力の高い水溶液からのスプレーに適している。

フリース
(fleece)（套毛）
一般的に, 薄い繊維群の総称。

フルオロカーボン
(fluorocarbon)（氟碳）
炭化水素の水素原子をフッ素原子で置換したもの。合成潤滑油, 撥水・撥油, 防汚加工剤として使用されている。

フロック加工
(flock finishing)（羊群整理）
布の表面に繊維の小さな塊（フロック）を植え付ける加工。

フロン
(chlorofluorocarbon)（羊群整理）
クロロフルオロカーボンのことで, 低沸点炭化水素のハロゲン置換体の総称。

プラスチック

（plastics）（塑料）

加熱溶融した高分子溶液を所定の形状に成形したもので、天然樹脂と合成樹脂があるが、通常は合成樹脂およびそれらの成形物を指す。

プラズマ CVD

（plasma-enhanced chemical vapor deposition）
（等离子体 CVD）

プラズマ化学気相堆積は、薄膜の形成を目的としてプラズマを利用した材料プロセスであり、集積回路、太陽電池、液晶ディスプレイ、ガスバリア膜、生体適合膜などを成膜するために利用されている。

プラズマ加工

（plasma etching processing）（等离子处理）

プラズマ化した酸素や空気を母材に直接吹き付けることにより、瞬時に母材を溶解させ加工する方法である。

プラズマ処理

（plasma treatment）（等离子处理）

プラズマ状の気体を照射して繊維の表面特性を改質する処理で、繊維に対しては減圧下低温で処理されるため低温プラズマ処理ともいう。

プラズマ放電

（plasma discharge）（等离子放电）

放電とは、電極間に電圧を加え、ある値を超えると電極間の気体が絶縁破壊し、光や音を伴って電流が流れるようになることを指す。空気中で放電現象が起きると、高エネルギーの電子を含むプラズマが生成される。プラズマ中の電子は、空気中に存在する分子に衝突して、それらを分解したり電離させたりして、オゾンやさまざまな（クラスター）イオンを

生成する。気体中の分子は，原子核の周りを電子が
くっついて動き回っている状態であるが，エネル
ギーが増加すると原子核と電子が離れ，電子が自由
に動き回る状態となる。
プラズマは自由度の高い電子を多く含んだ状態のた
め，電流が極めて流れやすく，電磁場を掛けるとそ
の影響により電子の動きが大きくなる性質がある。

プリント配線基板
(printed circuit board)（印刷线路板）
プリント配線用の不織布で補強されたエポキシ樹脂
積層板など。

プリント接着法
(print bonding)（印花粘合）
ウェブに，接着剤を不連続模様に付着させ，ウェブ
中の繊維どうしをポイント接着する方法。

プレパンチング
(pre-punching)（预冲）
不織布製造工程中で，次工程での操作を容易にする
ため，軽めにニードルパンチをすること。

プロトン電導性ナノファイバー
(proton exchange nanofiber)（质子导电性纳米纤
維）
川上は，高分子構造を制御した3種のSPI〔スルホ
ン化ランダムポリイミド（S-r-PI），スルホン化グ
ラフトポリイミド（S-g-PI），スルホン化ブロック
ポリイミド（S-b-PI）〕をナノファイバー化した。
そのナノファイバー単体のプロトン伝導性を測定し，
SPIの高分子構造がナノファイバー内のプロトン伝
導性に与える影響を検討した。

プロトン伝導性ナノファイバーの特徴

［出典：川上浩良；加工技術, **44**(4), 234 (2009)］

プロミックス繊維
（promix fiber）（promix 纤维）
牛乳カゼインに，アクリロニトリルをグラフト重合させて作った半合成繊維。

ブライト
（bright）（光泽）
光沢があること。

ブラインド
（blind）（百叶窗）
窓に取り付けて，遮光，保温，装飾などの目的で使用するもので，水平式，垂直式などがある。不織布も使用されている。

ブラジャーカップ
（bra cup）（乳罩杯）
従来はポリウレタン製品が多かったが，吸水性や風合いの観点から不織布の使用が増えている。

ブラッシング
(brushing)（刷浄）
布に付いたゴミ，ホコリ，繊維屑を除去したり，毛
羽を一方向に揃えるため，回転する円筒形のブラシ
を接触させながら布を通す加工。

ブルースケール
(blue scale)（蓝色标度）
耐光堅ろう度試験において，変退色の等級判定に用
いる青色標準スケールのこと。

ブレード
(blade)（刀片）
ニードルパンチ機に使う針の先端の一番細い部分で，
この太さで針のゲージを決める。

ブレスト・カード
(breast card)（头道梳棉机）
２つのカード機を直列で使用する場合の，最初の小
径のカード機。

は～ほ

ブレンダー
(blender)（混合器）
原料を混合する機械。調合機。

ふきん（布巾）
(wiping cloth)（一块布）
汚れを拭き取るもので，主として台所や食卓で用い
られる。

不織布
(nonwovens)（非织造布）
繊維シート，ウェブまたはバットで，繊維が一方向
あるいはランダムに配向しており，交絡/または融
着，および/または接着によって繊維間が結合され

たもの。ただし、紙、織物、編物、タフトおよび縮充フェルトを除くもの。ISO の定義では、「繊維、繊維フィラメント、またはチョップドヤーンをなんらかの方法で形成したウェブを、織物、編物、レース、組物、タフテッド布のように糸を使わずになんらかの方法で結合したもの、ただしフィルムや紙の構造物は不織布と看做さない」、また ASTM の定義では、「機械的、熱的、化学的または溶剤接着により、繊維、糸またはフィラメントを接着または絡み合わせることによって作ったシートあるいはウェブ構造のもの」となっている。

紙、織布、不織布の電子顕微鏡写真

  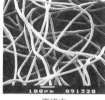

紙　　　　　　織布　　　　　　不織布

不織布用の繊維素材

(fibers for nonwovens)（非织造纤维）

不織布に使用される繊維は、天然繊維から化学繊維まで幅が広く、理論的にはどんな繊維でも不織布の原料として用いることができる。ただ、不織布化する製法を繊維の種類によって選ぶ必要がある。特殊な用途も含めて、不織布用として用いられている繊維は、木材パルプ、綿、絹、麻、羊毛、アスベスト、レーヨン、キュプラ、アセテート、アクリル、ビニロン、ナイロン、ポリエステル、ポリプロピレン、ポリエチレン、ポリ乳酸繊維、ガラス繊維、炭素繊維、アラミド繊維、複合繊維など。繊維の特性から分類すると、以下のとおり。

①低伸度高強力繊維（アラミド、PPS、PBO、ポリ

イミド，芳香族PET)

②高捲縮異形断面PET

③2成分分割繊維（人工皮革，スパンレース合成皮革，ワイパー）

④繊維素繊維（テンセル，リヨセル：フィブリル化しやすいことを利用して吸水性極細繊維ワイパー）

⑤吸水ポリマー繊維（衛生パッド，屋上緑化，法面保護材の保水材）

⑥潜在捲縮性繊維（パップ剤の支持体）

⑦接着繊維（PE/PP，PE/PET，変性PET/PETの芯鞘構造：サーマルボンド）

⑧抗菌，芳香，消臭，光触媒繊維

⑨活性炭素繊維（吸脱着速度が大きく，衛生マスクや消臭パッド）

⑩ナノファイバー（直径が1～100 nm・アスペクト比100以上：バイオフィルター，水処理フィルター，再生医療用足場材料，ドラッグデリバリー，コンポジット補強材，電池セパレーター，電磁波シールド材）

⑪未使用の天然繊維（竹，バナナ，パームなど）

不織布の製造法

(manufacturing method of nonwovens)（非织造布的生产方法）

不織布を作るためには，まず繊維を集合した薄いふとん状のウェブを作る必要がある。これをウェブの形成工程という。次に，このウェブ中の繊維どうしを，なんらかの方法で接着あるいは結合させる。これを一般にウェブの接着工程という。不織布は，通常この2つの工程を経て製造されるが，この2つの工程を同時に行い1工程で製造する方法もある。また，目的に合った製品にするために，これらの工程の後に，染色，仕上加工，エンボス加工や機能性を付与する特殊加工などを行う場合がある。

185

不織布の主な製法（その特徴と主用途）

	製 法	特 徴	主用途
湿式不織布	… 繊維とパルプまたは接着繊維を抄紙方法でシートにする	… 厚み均斉で目付を自由に変えることができるが、比較的低目付が多い	… ワイパー, おしぼり, オムツ, フィルター, テーバッグ, 特種繊維シート, 等
ケミカルボンド	… 接着剤で結合		
サーマルボンド	… 自己接着または接着繊維で結合		
スパンレース	… 高圧水流で交絡		
乾式パルプ不織布	… 粉砕パルプを、接着剤または接着繊維で接着する	… 嵩高でドレープ性に富む	… おしぼり, キッチンワイプ, 生理用吸収剤, 化粧用パフ, 花・青果の緩衝包装材, 等
ケミカルボンド	… 接着剤を散布してパルプを結合		
サーマルボンド	… 接着繊維を混合してパルプを結合		
乾式不織布	… 繊維をカード方式などでシートにする		
ケミカルボンド	… 繊維ウェブを接着剤で結合	… 柔軟性とドレープ性に富む	… 芯地, コーティング用基布, カーペット基材, 工業資材, 等
サーマルボンド	… 自己接着または接着繊維で結合	… 接着剤を使用しないため衛生的	… オムツ, 生理用ナプキン, 特殊工業資材, 等
スパンレース	… 高圧水流で繊維を交絡	… 柔軟でドレープ性に富み, 毛羽立ちしない	… オムツ, 医療, 芯地, 生活関連, コーティング基材, ワイパー, 等
ニードルパンチ	… 特殊針でウェブをニードリングして交絡	… バルク性に富み, 繊維間の剥離がない	… 床材, フィルター, コーティング基布, 自動車用内装材, 土木用途, 等
ステッチボンド	… ウェブがほぐれないよう糸で編み込む	… バルク性に富む	
スパンボンド式不織布	… 紡糸直結で, 主に自己接着で結合	… 用途に向けた設計が可能。広幅（5m幅以上）, 高速生産も可能	… 包材, オムツ, 土木用途, 建築防水, フィルター, 芯地, 壁装材, カーペット基材, コーティング基材, ラミネート基材, 等
メルトブロー式不織布	… ポリマーを高圧で押し出すとともに、熱風で吹き飛ばした極細繊維シート	… 柔軟性, 非透過性, 絶縁性に富む。0.01dまでの極細繊維の生産が可能	… フィルター, バッテリーセパレーター, 吸水シート, ワイパー, 油吸着材, オムツ, 等
フラッシュ紡糸式不織布	… ポリマーを溶剤で溶融し, 高圧で紡糸	… 強度が強い	… 封筒, ハウスラップ, 野外テント, イベントジャンパー, 等
トウ開繊式不織布, ほか	… 紡糸後のトウを開繊・積層・延展・接着	… トウ開繊法・バーストファイバー法および積層延展法の組み合わせ	… テープ基材, 農業資材, 園芸資材, 自動車用資材, 等

製造プロセス

は〜ほ

［出典：不織布の基礎知識（第4版）, p.37, 日本不織布協会］

不織布の技術開発動向

①複合化技術	a）素材の複合化
	b）工程の複合化
	c）構造の複合化
	d）製品の複合化
	（キーワード；混合技術，接着技術，密度勾配化技術
	など）
②機能性向上化技術	a）機能性付与技術
	［キーワード；新素材製造技術，仕上加工技術（コー
	ティングラミネーティングなど）］
③高品質化技術	a）均斉化技術（重量，厚さ，空隙構造）
	b）超薄型化技術，超厚型化技術
	c）品質管理技術
	（キーワード；工程制御技術，エレクトロニクス技術，
	モニタリング技術，新技術など）

不織布の特徴

（features of nonwovens）（非织造布的特性）

不織布は繊維の集合体で，しかも織物や編物のように糸から構成されていないので，その性質も織物や編物とは異なる。不織布の特徴は以下のとおり。

①厚さは自由に変えられる。

②嵩高で多孔性であるから，通気性や吸水性に優れ，保温性に富む。軽くてクッション性がある。

③縫製はもちろん，熱接着が可能である。

④使用される繊維とバインダーは合成高分子が主であるため，防しわ，寸法安定性，弾性に優れ，速乾性でアイロン掛けが不要である。

⑤切断端がほつれない。

⑥同じ目付では，織物と比べ引張強度は小さく，編物より伸縮性に乏しい。

⑦機械方向では幅方向よりも一般的に引張強度が大きく，力学的異方性がある。

⑧ドレープ性は織物や編物より小さい。

⑨織物や編物よりも原料繊維の性質の影響が直接的である。

⑩生産性は極めて大きい。

⑪細孔構造が織物や編物と異なり，また細孔径分布を比較的容易に変えることができる。

⑫液体を吸収する，粒子を捕捉する（フィルター性）がある。

不織布の構造的特徴を示す指標としては，目付，厚さ，嵩高性（見掛けの比重量），空隙率（あるいは体積分率），細孔径分布，平均要素長，繊維接触点数などがある。

不織布の用途
（applications of nonwovens）（非织造布的用途）

成長が期待される用途としては，第一にフィルターで，次いで土木，建築，交通・運輸（自動車，航空機，船舶，列車），医療・衛生，水産・海洋，農業・林業，スポーツ・レジャー，生活関連，ワイパーなどが挙げられる。特に，医療用を中心としたディスポ製品が注目されている。用途開発のキーワードとしては，「健康」「家庭」「環境」があり，将来の成長が見込まれている。

不織布の用途開発動向

①環境関連市場	a）リサイクル，リユース関連製品 b）フィルター類（水，空気の浄化） c）生分解性製品 d）廃棄物処理場関連 e）緑化関連
②衛生関連市場	a）大人失禁用オムツ b）個人用ケア製品 c）美容関連製品
③医療関連市場	a）外科手術用品 b）治療用品 c）介護関連製品
⑤家庭用雑品関連市場	a）ウォーターセクション関連製品（台所，風呂，洗面，トイレ用品） b）清掃用製品 c）収納，包装用製品

風合い
（hand）（手感）

布の品質の1つで，布の触感，柔軟性などで評価される。

複合化
(compounding)（複合）
2種類以上の素材や製法を組み合わせること。複合化は付加価値を付与するための1つの方法であり，不織布においては特に注目されている技術である。種類の異なる繊維による複合化，異なる製法の複合化，不織布と紙，フィルム，織物，編物，木材，皮革などの異種素材との複合化などがある。異なる製法の複合化の代表例として，SMS（スパンボンド／メルトブローン／スパンボンド）があるが，最近ではSMAS（スパンボンド／メルトブローン／エアレイド／スパンボンド），SMMS（スパンボンド／メルトブローン／メルトブローン／スパンボンド）などの4層複合不織布も開発されている。
（機能性付与 参照）

複合繊維
(conjugate fiber)（复合纤维）
2種類以上のポリマーを組み合わせて作った繊維。

は～ほ

複合不織布
(composite nonwovens)（复合非织造布）
2種以上の材料の組み合わせによって作製された不織布。

複合紡糸
(conjugate spinning)（复合纺织）
2種以上のポリマーを同時に紡出し，複数のポリマーからなるフィラメントを作る紡糸方法。

雰囲気湿度
(ambient humidity)（大气湿度）
エレクトロスピニングは溶液紡糸であり，有機溶媒を使う場合には水蒸気は貧溶媒になる。そのため，エレクトロスピニングには雰囲気湿度40％以下が適

している。

噴霧接着法
（spray bonding）（喷涂粘合法）
接着剤をウェブに噴霧して接着する方法（スプレー
ボンド法 参照）。

分割繊維
（spittable fiber）（分裂光纤）
1本の繊維から複数の繊維に分割される特性を有す
る繊維。

分　散
（variance）（分散）
平均からの差の2乗和を自由度で割った値で，ばら
つきの程度を示す。

分散液
（dispersion）（分散液）
溶媒中で，溶質がコロイド状あるいは微粒子状に分
散している液体のこと。

は～ほ

分散剤
（dispersing agent）（分散剤）
液体中で，固体微粒子を安定して分散させるための
薬剤。

分散染料
（disperse dye）（分散染料）
分散状態で，ポリエステルやアセテートなどの化学
繊維を染色するための染料。モノアゾ，アントラキ
ノンなどのように分子構造が比較的簡単であり，水
に対する溶解度が極めて高い。分散染料は化学繊維
に対する親和力が高く，均染性にも優れている。

分子間力

(molecular attraction)（分子间力）

分子間に働く引力のこと。分子引力ともいう。

へ

ペネトレーション（貫通）

(penetration)（贯通）

ニードルがウェブ中を貫通すること。

ベール

(bale)（包）

容積を少なくするため，繊維を圧縮して縛った梱包のこと。

ベールオープナー

(bale opener)（开包机）

混打綿機の一種で，原綿の層などをそのまま投入し，これを荒ごなしする機械。

ベリーナンバー

(Berry number)（Berry 数）

溶液濃度と固有粘度の積で表わされるファクター。ナノファイバーの繊維直径は濃度だけでなく分子量にも依存するため，これはその両者を含んだかたちで評価するのに適している。

ベロア

(velour)（丝绒）

ビロードのように布表面の毛羽を緻密に揃えたもの。

ベロア調仕上げ

(velour finishing)（丝绒整理）

ニードルパンチ機により起毛して，布面に毛羽を立

てる仕上法。

べたがけシート

(covering nonwovens sheet)（覆盖非织造布片材）
薄い不織布で作られ，作物の上に直接被せて，保温，防虫，防鳥などの目的で使用するもの。べたがけ用不織布に要求される基本特性は，透光性，保温性，通気性，強さ，軽さなど。

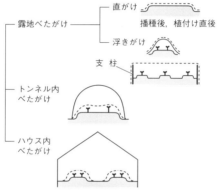

[出典：不織布の基礎と応用，p.435，日本繊維機械学会（1993）]

平均要素長（b）

(average element length)（平均要素長）
繊維集合体に関する van Wyk の理論から求められる値。繊維集合体中で相互に接触している繊維の接触点間の平均距離で，接触点間の繊維要素は直線でランダムに配列していると仮定して求められている。

$b = 0.65 H (\ell \cdot d_f)$

ここで，b は平均要素長，H は繊維集合体の厚さ，ℓ は繊維長，d_f は繊維の直径。

壁装材

(wall covering materials)（墙面材料）

壁面を覆う，主として装飾を目的として用いられる
材料。

変動係数

(coefficient of variation)（变动系数）

標準偏差を平均値で割った値で，通常，百分率で表
わす。

偏　光

(polarized light)（偏振光）

光の振動面が一方向に偏っている光のこと。

編　成

(knitting)（针织）

編むこと。

ほ

は～ほ

ホースライニング工法

(hose lining method)（软管衬里法）

地下に埋設しているガス管，水道管，下水管などの
内部に不織布を貼る方法。

ホイスカー繊維

(whisker fiber)（晶须纤维）

ウイスカー　参照。

ホットカーペット

(electric carpet, hot carpet)（热地毯）

室内の床あるいは畳の上に敷く日本独特の冬期暖房
器具で，発熱体のある本体とカバーに分かれており，
本体に不織布が使用されている。電気カーペットと

もいう。

ホッパー
(hopper)（料斗）
投入された原料をためる部分。

ホッパーオープナー
(hopper opener)（料斗开瓶器）
混打綿機の一種で，通常はベールブレーカーの次に位置し，繊維塊を開繊する機械。

ホルムアルデヒド
(formaldehyde)（甲醛）
強い刺激臭を発する無色の可燃性物質。皮膚，粘膜に対し非常に刺激的で，また発ガン性もあるといわれている。厚生労働省や経済産業省によるホルムアルデヒド規制がある。

ポーラス繊維
(porous fiber)（多孔纤维）
数十 nm という微細な孔が無数にあいた繊維。繊維の孔の内部に，ビタミンCやタンニン，酵素などを入れることで，美容や抗菌，防臭など多様な機能をもたせることができる。

ポーラス繊維

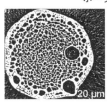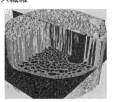

［出典：https://user.spring8.or.jp/resrep/?p=92］

ポイント・ツー・バック
(point to back)（剥取作用中針尖交叉配置）
カード機の梳綿作用におけるローラー間の針方向の
相対関係で，シリンダーとストリッパー間のように
繊維の受け渡し作用をする関係。

ポイント・ツー・ポイント
(point to point)（分梳作用中針尖相対配置）
カード機の梳綿作用におけるローラー間の針方向の
相対関係で，シリンダーとワーカー間のように開繊
作用を行う関係。

ポイント接着
(point bonding)（点粘合）
あらかじめ決められたパターンにしたがって，点状
に間隔をあけて熱的または化学的に接着すること。

ポリアクリル系繊維
(polyacrylic fiber)（聚丙烯酸纤维）
アクリル繊維 参照。

ポリアクリロニトリル
(polyacrylonitrile)（聚丙烯腈）
アクリロニトリルをラジカル重合させて得られたポ
リマー。PAN と略称される。

ポリアミド系繊維
(polyamide fiber)（聚酰胺纤维）
アミド結合を有する重合物を原料とする繊維。

ポリアリレート繊維
(polyarylate fiber)（聚芳酯纤维）
全芳香族ポリエステル繊維のこと。

ポリイミド繊維

(polyimide fiber)（聚酰亚胺）

テトラカルボン酸二無水物とジアミンとの重縮合で合成され，主鎖中にイミド結合を有するポリマーによる繊維。耐熱性，難燃性，耐薬品性に優れている。

ポリウレタン

(polyurethane)（聚氨酯）

ウレタン結合を有する重合体で，イソシアネートあるいはジイソシアネート基と水酸基を有する化合物の重付加反応で合成されるポ

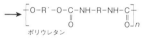

リマーであり，これに鎖延長剤（ヒドラジン，エチレンジアミン等）を付ける場合もある。

ポリエステル繊維

(polyester fiber)（聚酯纤维）

主鎖がエステル結合で連なっている高分子の総称。主たるものはポリエチレンテレフタレート（PET）繊維である。溶融紡糸法で製造され，各種の性能に優れていることから広く用いられている。

ポリエステルナノファイバー

(polyester nanofibers)（聚酯纳米纤维）

溶融紡糸では，帝人が「ナノフロント」として直径700 nm のポリエステルナノファイバーを販売して

ポリエステルナノファイバー

［出典：https://www.teijin.co.jp/focus/nanofront/technology/］

いる。また，エレクトロスピニング法でも100〜500 nmのナノファイバー不織布を作製できる。

ポリエチレン
(polyethylene)（聚乙烯）
メチレン（-CH2-）の繰り返しのみで構成されているポリマーであり，構造が一番シンプルである。重合方法により，高密度ポリエチレン，低密度ポリエチレン，超高分子量ポリエチレンなどがある。

ポリエチレン繊維
(polyethylene fiber)（聚乙烯纤维）
エチレンの付加重合によって作られる繊維。

ポリテトラフルオロエチレン繊維
(polytetrafluoroethylene)（PTFE 纤维）
PTFE 繊維 参照。

ポリ乳酸繊維
(poly lactic acid fiber)（聚乳酸纤维）
トウモロコシを原料として乳酸を作り，これを重合した繊維。生分解性を特徴としている。

ポリノジック繊維
(polynosic fiber)（Polynosic 纤维）
レーヨンの欠点である湿潤強力や収縮性を改質した繊維。

ポリパラフェニレンビニレン繊維
(poly p-phenylene vinylene fiber)（PPV 纤维）
PPV 繊維 参照。

ポリパラフェニレンベンゾビスオキサドール繊維
（poly p-phenylene benzo-bisoxazone fiber）
（PBO 纤维）
PBO 繊維 参照。

ポリビニルアルコール
（poly vinyl alchol）（聚乙烯醇）
PVA 参照。

ポリフェニレンサルファイド繊維
（polyphenylene sulfide fiber）（PPS 纤维）
PPS 繊維 参照。

ポリプロピレン
（polypropylene）（聚丙烯）
プロピレンを重合させたポリマー。ポリエチレンとともに幅広く使われている。ポリエチレンよりも耐熱性は高いが，剛性はポリエチレンよりも低い。

ポリプロピレン繊維
（polypropyrene fiber）（聚丙烯纤维）
ポリプロピレンとポリエチレンは，ともに炭素と水素からなり，ポリオレフィン繊維といわれる。比重が小さいのが第一の特徴。ポリプロピレンの比重は0.91であり，合成繊維中で最も小さく，水に浮く繊維である。

ポリブチレンテレフタレート繊維
（poly butylene terephthalate fiber）（PBT 纤维）
PBT 繊維 参照。

ポリマー
（polymer）（聚合物）
重合体ともいう（高分子 参照）。

は～ほ

ポリマーアロイ
(polymer alloy)(聚合物合金)

ポリマーアロイは，その構造によりブロック共重合体やグラフト共重合体，互いに相溶するポリマーどうしのブレンド，混ぜ合わせると相分離して微分散構造を有する非相溶体などがある。2種類以上のポリマーの割合や相分離の仕方で，いろいろなナノ構造やミクロ構造を作ることができる。

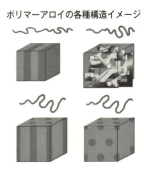

ポリマーアロイの**各種構造イメージ**

ボリュメトリック方式
(volumetric method)(容积法)

カード機に繊維を一定量供給するための方式である。繊維を矩形ダクトで連続的に供給し，一定容積を維持して供給する。

ボンディング加工
(bonding finishing)(粘合整理)

2枚の布地を，接着および融着技術などを用いて貼り合わせること。

ぼたむら
(cloud)(铺网不匀)

繊維の開繊不良等により生じたウェブの厚さむらのこと。

保温性

（thermal insulating property）（保温性）

熱の移動を防ぎ，温度を保つ性質。熱伝導，対流を防ぐためには熱伝導率の小さい繊維を用い，小さな空気塊を多く含む布構造にすればよい。

保護マット

（protection mat）（保护垫）

遮水シート（塩ビやゴムのシート）の損傷を防ぐために用いられるマット。

捕集機構

（dust collecting mechanism）（捕集机制）

ろ過は，フィルターの表面における表面ろ過とフィルター内部における体積ろ過に分けられる。前者は

気体フィルターの捕集機構

メカニズム	原　理	説明図
さえぎり	粒子が気流に沿って運ばれ，繊維表面より1粒子半径内で付着	流線　粒子軌跡　繊維
慣性衝突	粒子の慣性力のため，流線より分離して繊維に衝突付着	流線　粒子軌跡　繊維
拡　散	粒子のブラウン運動により，気流より分離し，繊維に付着	流線　繊維　粒子軌跡
静電気力	粒子と繊維の間の静電気力により，繊維に付着	流線　繊維　粒子軌跡

［出典：松尾達樹；加工技術，**42**(6)，363（2007）］

単一繊維の捕集効率 η の粒子径による変化

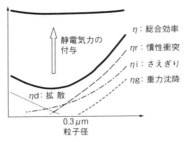

[出典:松尾達樹;加工技術, **42**(6), 363 (2007)]

バグフィルターや液体フィルターの分野で, 後者は空調用のエアフィルターの分野で用いられている。粉じん粒子の捕集機構を表に示す。

エアフィルターでは, 図のような4種類の捕集機構が働き, 捕集される粒子径によって捕集効率が変わる。液体フィルターでは, 一般にはろ材繊維のさえぎり効果によって粒子が捕集される。

捕集効率

(collection efficiency)(收集效率)

どの大きさの粒子をどれだけ捕集できるかを示す値。ろ材として, 繊維径が小さいほど, 繊維空隙率が小さいほど, 捕集効率は上昇するが, 圧力損失も上昇する。

捕集量

(dust holding capacity)(容尘量)

一定の圧損までに捕集するダスト量で, フィルターの寿命を示す。

方向摩擦効果

(directional frictional effect)(定向摩擦效力)

羊毛繊維のスケールによって, 羊毛繊維は他の繊維

と接触した場合，根元方向には動きやすいが，毛先方向には動きにくく，方向によって摩擦力に差があること。

泡沫接着法
（foam bonding）（泡沫粘合方法）
接着剤溶液を泡状にし，ウェブの片面または両面に塗布し，必要に応じて加熱してウェブ中の繊維どうしを接着する方法。

防汚加工
（soil-resistant finishing）（防汚処理）
繊維製品に汚れが付きにくく，また汚れが落ちやすいようにする加工。SG 加工（soil guard finishing），SR 加工（soil release finishing）および SGR 加工（soil guard release finishing）がある。

防炎加工
（flame resistance finishing）（防火処理）
炎を出して延焼することを防止する一種の防火加工。炎に近づけてもすぐには燃え上がらず，炎を遠ざけるとすぐに消えるような性質を持たせる加工。防火加工（flame proofing），防炎加工（anti-flaming）ともいう。着火させなくするのを fire proof，延焼しにくくするのを fire resistant，着火を遅らせる，あるいは炎の広がるのを抑える働きとして flame（fire）retardant を用いる。

防音カーテン
（soundproof curtain）（隔音窓帘）
騒音を遮断するために用いるカーテンで，鉛繊維混入不織布に樹脂をコーティングしたものなどがある。

防かび加工
(antibacterial finishing)（防霉加工）
繊維にかびが発生しないようにする加工。かびに侵されやすい繊維を化学的に保護する。加工剤として，無機化合物，有機化合物，有機金属化合物などがある。抗かび加工ともいう。繊維評価技術協議会では，抗かび性試験方法に ATP（アデノシン三リン酸）発光測定法を採用している。

防護服
(protective cloth)（防护服）
外部からの有害物質の侵入を防ぐための衣服。

防水加工
(waterproofing finishing)（防水加工）
布に水が通りにくくする加工。

防虫加工
(moth proofing)（防虫处理）
防虫性を与えるための加工。

紡　糸
(spinning)（纺丝）
材料を溶解，あるいは融解して紡糸口金の細孔より押し出し，これを固化して繊維を製造する方法。

紡糸口金
(spinnarette)（喷丝板）
紡糸原液を繊維状に押し出すための口金。

紡糸直結法
(direct spinning method)（如何一步制作非织造布）
紡糸工程に直結して，1工程で不織布を作る方法。スパンボンド法，メルトブロー法，フラッシュ紡糸

法，エレクトロスピニング法などがある。

紡糸油剤
（spin finish）（紡糸油剤）
紡糸後，光沢・分繊性などを向上させるために用いる薬剤。

紡　毛
（woolen）（紡毛）
比較的繊維長の短い羊毛およびその製品を指す。繊維長の長いものは，梳毛（worsted）という。

膨　潤
（swelling）（膨潤）
固体が液体を吸収して体積が増加する現象。主として繊維の非晶部に水や溶剤が吸着し，その体積を著しく増大させる現象で，繊維は膨潤によって直径が増加し，長さが現象する。

は〜ほ

ま 行

ま

マーチンデール法
(martindale method)（马丁代尔方法）
摩耗試験法の1つ。

マイグレーション
(migration)（迁移）
不織布の樹脂加工において，乾燥工程で現われる樹脂の移動。

マイクロ波
(microwave)（微波）
波長が1m以下の電磁波の総称。

マスク
(mask)（面膜）
顔の全面または一部を覆う布製品。

マスターカーブ
(master curve)（主曲线）
材料がもつ等価性を利用して，材料の物性を予測するために作成されたグラフのカーブ。高分子材料は低温での変形挙動が高速度での変形に対応し，高温での変形は低速での変形と等価である。そのため，測定温度と変形速度を変えて実験することにより，非常に広範囲の条件における結果を重ね合わせでグラフを作成する。このグラフをマスターカーブと呼ぶ。物性を推定することが可能となる。ナノファイバーの作成では，ポリマーどうしの絡み合いにより，

ポリマー鎖の分子量と濃度の間に等価性が成り立つ
と仮定している。

マックスウェルモデル
（maxwell model）（麦克斯韦模型）
粘弾性体の力学モデルの1つで，弾性を表わすバネ
と粘性を表わすダッシュポットを直列に組み合わせ
たもの。

マットレス
（mattress）（屉子）
クッション性のある厚い敷物。

マテリアルリサイクル
（material recycle）（材料回收）
ペットボトルを粉砕，溶融してポリエステル繊維に
するなど，廃棄物をポリマー段階まで戻して再利用
すること。

マリモ機
（malimo machine）（malimo 机器）
ステッチボンド法で用いられる経編み機の一種（ス
テッチボンド法　参照）。

マルチシリンジ
（multi-syringe）（複数的針）
ラボ装置でナノファイバーの生産性を向上させるた
めに，多数のシリンジを並べてエレクトロスピニン
グする手法。

マルチノズル
（multi-nozzle）（複数的喷嘴）
大量のナノファイバーを作製するためには，ノズル
を集積させなければならない。工業化のためには最
低1,000本程度のノズルからのスプレーが必要で

ある。

マルチフィラメント糸
(multifilament yarn)（复丝纱）
多数のフィラメントが集まって構成されているフィラメント糸。

マングル
(mangle)（辊式板材矫直机）
一対のローラー間に布を通し，布に含まれる液体を搾り出す装置。

マンセル表色系
(munsell color system)（孟塞尔颜色系统）
色を表示するシステムの1つで，色相 H（hue），明度 V（value），彩度 C（chroma）によって色を表示する方法。

曲げ剛性
(bending rigidity)（抗弯刚度）
曲げの力に対する抵抗の大きさを示し，この値が大きいと曲げにくい。

曲げ特性
(bending property)（曲特徴）
布の曲げ変形時のモーメントと曲率の関係をいう。

摩擦係数
(coefficient of friction)（摩擦系数）
クーロンの法則では，摩擦力は接触面に加わる垂直方向の荷重（法線応力）に比例し，接触面積や相対速度の大小によらず一定である。この摩擦の法則における，比例定数のこと。

摩擦退色試験機
(crock meter)（摩擦退色試験机）
染色・着色された布の表面を，白色の布で一定回数
摩擦することにより，色の付着程度を測定する試験
機。

摩　耗
(abrasion)（磨损）
摩擦によって布の表面が擦り減ること。繊維の破断
に要する仕事量（タフネス）の大きいものは耐摩耗
性が大きい。

巻取り機
(winding machine)（绕线机）
巻き取り作業を行う機械。

膜構造
(membrane structure)（膜构造）
膜を用いた構造物で，サスペンション構造と空気膜
構造とがある。

膜分離
(membrane separation)（膜分离）
膜を通して気体や液体中の微粒子をろ過することで，
中空糸膜が有名。

ま～も

繭（まゆ）
(cocoon)（蚕茧繭）
完全変態する昆虫の幼虫（蚕）がさなぎになる時に，
口から繊維状の分泌物を出して作る殻状の覆い。

円網方式（まるあみほうしき）
(cylinder mold type)（循环网络系统）
湿式のウェブ形成方式で，ロットの小さい場合に有
利である。繊維はシートの進行方向に配向する。

み

ミクロトーム
（microtome）（切片机）
顕微鏡観察するために試料を薄片に切る装置。

ミクロフィブリル
（microfibril）（微纤丝）
繊維を構成する微細組織の最小単位。

ミセル
（micelle）（胶束）
繊維構造の中で，鎖状高分子が多数集まった部分。

ミューレン法
（mullen method）（穆伦方法）
破裂試験法の1つ。

ミル彫刻機
（die cutter）（磨机雕刻机）
各種のローラーを彫刻するための機械。

ま～も

未延伸糸
（undrawn yarn）（未拉伸纱线）
紡糸ノズルから出た糸を十分延伸せずに巻き取ったもの。強度が小さく伸度が大きい。

見掛け密度
（apparent density）（表观密度）
単位体積当たりの質量。

密度勾配不織布
（density gradient nonwovens）（密度梯度非织造布）
厚さ方向に密度変化を付けて製造した不織布。

溝
（groove）（沟）
ローラーなどに刻まれた溝。

耳
（selvedge）（布边）
布の幅方向の両端部で，布本体とは異なる性状の部分。

む

む　ら
（unevenness）（不均匀）
一様ではなく，不均斉な状態にあること。

無機繊維
（inorganic fiber）（无机纤维）
無機物を人工的に繊維状にしたもので，アスベスト，ガラス繊維，炭素繊維，金属繊維，岩石繊維，金属繊維などがある。

無じん衣
（dustproof clothes）（无尘衣）
クリーンルームなどにおいて，人体からの発じんを防止するための衣服。

無電解めっき
（electroless plating）（无电镀）
無電解めっきは，電気めっきのように直流の電気を

流して金属を素材の上に析出させるのではなく，めっき液に含まれる還元剤の酸化によって放出される電子により，液に含浸することで金属イオンを素材上に金属として還元析出させる方法。

め

メートル番手
(metric count)（米支）
メートルに準拠した恒重式番手で，共通式番手ともいう。重さ1,000g で長さ1,000m ある糸を1番手という。数値が大きくなるほど糸は細くなる。

メタ系アラミド繊維
(poly m-phenylene-isophthalamide fiber)
（Meta 型芳纶纤维）
ポリメタフェニン・イソフタルアミドを原料とし，湿式紡糸で作られる難燃性，耐熱性，耐薬品性などに優れた繊維。

メッシュ
(mesh)（网孔）
搬送ベルトなどの金網の密度および寸法。通常，1インチ（＝2.54cm）当たりの本数で表わす。

メディカル用フィルター
(filter for medical use)（医疗过滤器）
代表的なものに，白血球除去フィルター，人工腎臓，人工肺，ウイルス分離膜などがある。人工腎臓は，透析膜に中空糸膜が使用されており，血液は膜を通して透析液と接触し，有用なアルブミンなどのタンパク質などを透過し，老廃物を除去する。

メルトブローによるナノファイバー

(melt blown nanofiber)(熔喷纳米纤维)

溶融ポリマーを細い孔から押し出し，同時に高温高圧のガスを利用してポリマーを紡糸することで作られた，ナノサイズの繊維径をもつファイバー。

メルトブローによるナノファイバー

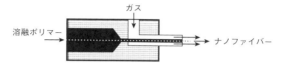

メルトブローン不織布

(melt-blown nonwovens)(熔喷非织造布)

溶融ポリマーの紡糸工程で，ポリマーを高圧熱ガス中に紡糸して繊維状にし，それを開繊して，ネットコンベヤー上に積層して作られた不織布。

基本的なノズルの構成

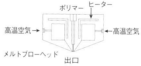

[出典：Nonwoven Fabrics, p.222, WILEY-VCH (2003)]

紡糸直結型のウェブ製造方法であるメルトブロー法は，熱可塑性ポリマー溶液を多数の小孔を有する直

メルトブロー法の概略

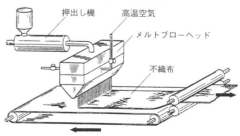

[出典：Nonwoven Fabrics, p.223, WILEY-VCH (2003)]

線配置型の口金から押し出し，それを熱風により急激に細めて極細繊維を形成させ，それを高速気流によってスクリーン上に吹き飛ばしてウェブを形成させる方法である。ストレッチ性のあるメルトブローン不織布も製造されており，ポリウレタンやイソプレンを原料としたエラストマーが使用されている。また，メルトブローン不織布の構造解析や添加剤についても研究されている。

この方法による不織布の特徴は，非常に細い繊維（極細繊維）から構成されていることで，それによりソフト性，高フィルター性などが得られる。しかし，繊維が細く薄い不織布であることから強度的には劣っており，他の材料と複合化して用いられる場合が多い。たとえば，SMS（スパンボンド／メルトブローン／スパンボンド）の3層構造の複合不織布が有名。主な用途は，フィルター，マスク，ワイパー，衛生用途，バッテリーセパレーターなど。

　※メルトブローン不織布：メルトブロー法で作られた不織布製品のこと。

メンブレン
(membrane)（膜）
非常に薄い微多孔フィルムや不織布であり，ろ過に利用される。

めくれ
(fold over)（巻曲）
不織布のウェブ製造工程で，風などにより繊維層が部分的にめくれて重なってできた欠点。

目　付
(weight, weight per square-meter)（毎平方米重量）
布の単位面積当たりの重さ。通常，$1 m^2$ 当たりのグラム数で表わす。

綿
（cotton）（綿）
アオイ科ワタ属の植物の種子に発生した繊維。

も

モーメント
（moment）（角動量）
ベクトル量 B に対し，原点からの距離を A とすれ
ば，AB を原点の周りのモーメントという。

モアレ加工
（moire finishing）（莫尔条纹处理）
布上に，木目や波紋状の光沢模様を表わす加工。

モジュラス
（modulus）（弾性模量）
弾性率のことで，縦弾性係数ともいい，この値が大
きいほど硬い物質となる。

モダクリル繊維
（modacrylic fiber）（变性聚丙烯腈纤维）
アクリル系繊維のこと。

モップ
（mop）（拖把）
床などを拭き掃除する柄付きのぞうきん。フローリ
ングワイパーともいう。

モノフィラメント糸
（monofilament yarn）（单丝线）
フィラメント1本で，フィラメント糸を構成してい
るもの。

ま～も

モルフォロジー制御
(morphology control)（形态学控制）
高分子材料では，原材料を異種材料と複合化して，ミクロやナノのスケールでその構造をコントロールすることにより，新たな機能を発現させるのに利用される。

毛管現象
(capillarity)（毛細現象）
細い管を水中に入れると，管内の液体面は管外周囲の液体面より上昇したり，または下降したりする現象。

木材パルプ
(wood pulp)（木浆）
木材から作られるセルロース系繊維。繊維長は10mm程度で，紙，レーヨン，湿式およびエアレイドパルプ不織布の原料として用いられる。

木材フィブリル
(wood fibril)（木原纤维）
木材繊維を構成する微細繊維。

や 行

や

ヤシ繊維
（coconut fiber）（棕榈纤维）
ヤシの実の殻から取った繊維。

ヤング率
（young's modulus）（弹性模量）
弾性率のこと。応力－ひずみ曲線の原点近くでの直線の勾配は，初期ヤング率という。

ヤンキー式乾燥機
（yankee type dryer）（单烘干燥机）
接触乾燥型の乾燥機で，製品はペーパーライクなシートとなる。

野蚕絹
（wild silk）（野蚕）
家蚕絹に対する語で，自然の状態で飼育した蚕による絹。

焼きなまし
（annealing）（退火）
物質の構造のひずみを取るための熱処理。

山 繭
（yamamai）（天蚕）
天蚕とも呼ばれる野生の蚕の繭。

ゆ

ユニセル法
(Unisel method)（Unisel 方法）
トウ開繊法の1つで，フィラメントの束を延伸，開繊，拡幅し，積層してからさらに延伸して製造する方法である。

ユニバーサル法
(universal method)（通用方法（磨损试验法））
摩耗試験法の1つ。

油　剤
(finishing oil)（油剂）
紡糸，紡績，製織工程などにおいて，操作性を高めるために繊維表面に付加する油。

油水分離フィルター
(oil water separation filter)（油水分离过滤器）
水中に分散している微小油滴を捕集し，これを凝集成長させ離脱し，比重差を利用して油水を分離する。ろ材には，表面処理された極細繊維不織布が用いられ，プリーツ加工をしたカートリッジで使用される。石油精製プラントの水分除去，化学プラントでの冷却水の油分除去，ジェット機燃料の水分除去などに使用されている。

有機 EL（ルミネセンス）
(organic electro-luminescence)（有机 EL）
有機 EL は，発光ダイオードの一種で，発光材料に有機化合物を用いるものである。電子輸送層，発光層，正孔輸送層を層状に重ね合わせた構造になっており，両端から電圧を掛けると発光層内で電子と正孔が結合し，そのエネルギーが発光物質を励起させ

発光する。有機ELは，液晶などに比べ薄型軽量で低消費電力，高速応答，高コントラストなどの特徴がある。

有機化合物

(organic compounds)（有机化合物）
炭素を含む化合物。

有機系ナノファイバー

(organic nanofiber)（有机纳米纤维）
カーボンナノチューブなど無機材料でできたナノファイバーに対して，ポリマーやセルロースなどからなるナノファイバーの総称。

有機色素

(organic coloring matter, pigment)（有机染料）
有機色素は，従来の染料や有機顔料がもつ可視光線の選択的吸収による着色にとどまらず，光，熱，電場，圧力などのわずかな外部エネルギーによって物質変化をもたらす有機物からなる色素材料。

有機繊維

(organic fiber)（有机纤维）
有機系の高分子から構成されている繊維。

有機ナノチューブ

(organic nanotube)（有机纳米管）
無機材料のカーボンナノチューブに対して，有機ナノチューブは有機分子を基本骨格として筒状に組み合わせることで作られる新しいタイプの有機ナノ材料。チューブ全体が強固な

有機ナノチューブの構造イメージ

［出典：https://www.jst.go.jp/pr/announce/20160805-2/index.html］

共有結合でつながっている共有結合性有機ナノ
チューブは，機械的強度や安定性の増加，光学物性
や導電性などの向上が期待できる。

有効繊維長
(effective fiber length)（有効的纤维长度）
綿などの繊維長を表わすもので，ステープルダイヤ
グラムからの所定の作図によって求める。

誘電率
(dielectric constant)（电容率）
物質（誘電体）の電気のためやすさの度合い。電場
に置かれた誘電体の分極のしやすさでもある。

融着繊維
(melt-binding fiber)（可熔纤维）
2成分繊維で融点の異なるポリマーを用い，融点の
低い方のポリマーを融解して接着するための繊維。

融　点
(melting point)（熔点）
融解の生じる温度。

よ

41.5度カンチレバー法
(41.5° cantilever method)（41.5°悬臂法）
剛軟性の試験方法の1つ。

ヨコ方向
(cross direction：CD)（布宽方向）
タテ方向に対する言葉で，布の幅方向のこと。

や〜よ

よこ編み

（filling knitting）（纬编）

ヨコ方向に編目を連続して編地を作る編成方法。

撚　り

（twist）（捻）

繊維束または糸の一端を回転すること。強度，操作性や外観を良くするために糸に撚りを掛ける。

羊　毛

（wool）（羊毛）

動物繊維の一種で，緬羊（めんよう）の毛。

溶液粘度

（solution viscosity）（溶液黏度）

流体の流れは粘度に左右される。エレクトロスピニングでは，50～500cps 程度の粘度が適しているといわれている。

溶液濃度

（solution concentration）（溶液浓度）

ナノファイバーの直径は，溶液濃度に最も依存する。溶液濃度が薄いほどナノファイバーの直径は細くなるが，ある限界濃度以下ではファイバーにならずに微粒子（ビーズ）となる。

溶液紡糸

（solution spinning）（熔体纺丝）

高分子を溶媒により溶解し，溶液として押出し機の細孔から押し出して繊維状とする紡糸法。

溶液流量（溶液吐出速度）

（solution flow rate（solution discharge speed））
（溶液流量（溶液排出速度））

エレクトロスピニング法では，シリンジポンプを用

いて溶液流量を調節する。0.001～1.0mℓ/min の範囲でコントロールできるタイプが望ましい。一般的には0.01mℓ/min 付近の流量で使用することが多い。市販のシリンジポンプで十分である。ただし，ノズル先端からの高電圧がシリンジポンプ本体に影響しないように注意する必要がある。

溶　解
(dissolving)（溶解）
気体，液体または固体が，他の気体，液体，固体と混合して均一な相を生じる現象。

溶解度
(solubility)（溶度）
溶液中における溶質の濃度。

溶解熱
(heat of solution)（溶解热）
溶質が溶媒に溶解する時，発生または吸収する熱量。

溶剤回収フィルター
(solvent recovering filter)（溶剂回收过滤器）
使用済みの有機溶剤を，再利用あるいは廃棄するために回収するフィルター。

溶剤接着法
(solvent bonding)（溶剂粘合）
ナイロンの溶剤による接着方法で，紡糸室を密閉し，溶剤も回収する。

溶　質
(solutes)（溶质）
溶液中に溶けている成分。

溶媒の蒸発速度

（evaporation speed of solvent）（溶剤蒸发速度）

エレクトロスピニング法では，NMP（N-メチル-2-ピロリドン）などの有機溶剤や塩を含んだ水溶液は，溶媒の蒸発速度が非常に遅いためにナノファイバーがなかなか得られない。逆に，クロロホルム溶液などの蒸発速度の速い溶媒では，ノズル先端のテーラーコーンが固化してノズル詰まりが起こる。そのために，混合溶媒を用いて蒸発速度をコントロールすることが望ましい。

溶融エレクトロスピニング

（melt electrospinning）（熔化静电纺丝）

ポリマーを，レーザーおよび近赤外線やヒーターなどで溶融させて粘度を下げた状態に，高電圧を印加してスピニングすることでナノファイバーを作る方法。

溶融接着

（fusion bonding）（熔体粘附）

繊維の一部または全部を，溶剤または熱で軟化溶融させ接着すること。

溶融紡糸

（melt spinning）（熔体纺丝）

熱可塑性ポリマーを加熱溶融し，紡糸口金より押し出して繊維を作る方法。

や〜よ

溶融紡糸分割型ファイバー

(conjugated melt spinning naofiber)（熔纺分体式纤维）

1本の繊維の中に，異なる性質の2種類のポリマーを複合ノズルを用いて紡糸後，2種類のポリマーの境界を離すことで分割させて，より細い繊維を作る技術。

溶融紡糸分割型ファイバー

葉脈繊維

(leaf fiber)（脉状的纤维）

植物の葉脈部から採取した繊維。マニラ麻やサイザル麻などが含まれる。

養生シート

(construction field sheet)（养护座位）

工事現場で用いられる防護用シートの総称。

横弾性係数

(modulus of cross elasticity)（横向弹模数）

剛性率 参照。

汚　れ

(soil)（污点）

物体に付着した異物。

や〜よ

ら～わ 行

ら

ライブリネス
（liveliness）（回弾性）
曲げ変形からの回復の速度。

ラジカル
（radicals）（自由基）
分子の反応の際に，反応する原子群。

ラチス
（lattice）（輸送簾子）
紡毛カード等のウェブや原料を運搬する簀の子（すのこ）。

ラップ
（lap）（棉巻）
混打綿工程で，夾雑物を取り除いた繊維を集めてシート状にしたもの。またはこれを円筒状に巻いたもの。

ラテックス
（lattices）（膠乳）
ゴムの木から分泌した水分散液を濃縮した天然のものと，乳化重合その他の方法で水分散した合成ゴムの乳濁液である合成のものがある。

ラミー
（ramie）（苧麻）
苧麻（ちょま）ともいわれ，麻の一種である靭皮

繊維。

ラミネート
(laminate)（層圧）
2つあるいはそれ以上のシート状のものを，接着剤などで貼り合わせること。

ラミネート布
(laminated fabric)（層合布）
ラミネートにより，層状に貼り合わされた布。

ランダムウェバー
(random webber)（制作随机非织造布箔材）
ランダムウェブを作る機械の総称。

ランダムウェブ
(random web)（随机无纺布箔材）
繊維の方向がランダムに配向しているウェブ。

ランダムカード
(random card)（杂乱梳理机）
ランダムウェブを作るためのカード機。

らせんナノファイバー
(helical nanofiber)（螺旋纳米纤维）
ノズルからスピニングされたナノファイバーは，針状のノズル先端と，ある面積をもつターゲット板の間での電界の広がりのために，ノズル先端から円錐状に広がりながらターゲットに到達する。そのためにナノファイバーは，この円錐の中を，らせんを巻きながらスピニングされる。それ以外にも，らせん現象には雰囲気の対流，コロナ風などによるゆらぎも関係している。

ら〜わ

り

リゲイン
（regain）（恢复）
水分率のことで，任意の状態の重さと絶乾重量との差の絶乾重量に対する百分率で示される。
moisture regain ともいう。

リサイクル
（recycle）（回收）
使用済みの製品等を再利用することで，マテリアルリサイクル，ケミカルリサイクル，サーマルリサイクルがある。

リサイクル法
（acceleration of resources recycling law）（有关回收的法律）
再生資源の利用と促進に関する法律の略。

リデュース
（reduce）（減少）
廃棄物の発生を減少させること。

リチウムイオンキャパシタ
（lithium ion capacitor）（锂离子电容器）
電気二重層キャパシタであるが，負極材料としてリチウムイオンを吸蔵可能な炭素系材料を使い，そこにリチウムイオンを添加することでエネルギー密度を向上させた，電気二重層キャパシタとリチウムイオン二次電池の性格を併せもつキャパシタ。

ら～わ

電気二重層キャパシタと二次電池の特性比較

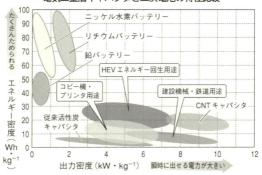

[出典：松尾達樹；加工技術, 45(7), 420 (2007)]

リチウムイオン電池
(lithium ion battery) (锂离子电池)

正極と負極の間でリチウムイオンが行き来し，充電と放電が可能で，繰り返し使用することができる二次電池。正極にはリチウムの酸化物が，負極には黒鉛（グラファイト）などが，電解質には液状またはゲル状のリチウム塩の有機電解質が用いられる。

リチウムイオン電池の構造

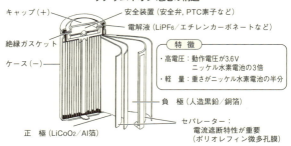

[出典：これからの自動車とテキスタイル, p.239, 繊維社 (2004)]

リチウム空気電池

(lithium air battery)(锂空气电池)

金属リチウムを負極活物質とし,空気中の酸素を正極活物質とした,充放電可能な電池。

リチウム空気電池の構造と作用機構

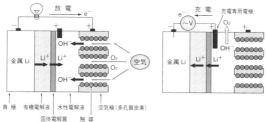

[出典:松尾達樹;加工技術, **45**(7), 424 (2007)]

リッカーイン

(licker-in)(刺辊)

カード機で用いられるロールの一種。ラップをメインシリンダーに供給するための針布を巻いたロール(テイカーイン 参照)。

リネン

(linen)(亜麻)

亜麻 参照。

リユース

(reuse)(循环使用)

そのままの形態でもう一度使用すること。

リンター

(linter)(短绒)

綿繊維の中で,紡績糸にできないくらい短い繊維。溶かしてキュプラレーヨンなどの原料とする。

リント

(lint)（皮棉，短绒）

本来は，綿糸用の長い綿繊維。また，布製品から脱落する粒子や短繊維を指す場合がある。

リントフリー

(lint free)（无绒）

脱落繊維 参照。

硫酸アルミニウム

(aluminum sulfate)（硫酸铝）

排水処理の凝集沈澱法で用いられる凝集剤。

る

ルートコントロール

(root control)（美植无纺布）

樹木の根の拡がりを防ぐために，根全体を布で覆うこと。

ルーパー

(looper)（套口机）

タフテッド機で，ループを一時保持する器具。

ルーフィング材

(roofing sheet)（屋面防水材料（油毡））

屋根や屋上の防水などに用いるシート。アスファルトを含浸するシートが多く用いられている。

ルーメン

(lumen)（中腔）

綿繊維の中空部。植物の養分や水分の通り道の痕跡。

ルミネセンス

（luminescence）（发荧光，发光）

物質が光，熱，X線などの物理的または化学的な
刺激を受けて，発光する現象（有機EL 参照）。

れ

レーザーエレクトロスピニング

（laser electrospinning）（激光静电纺丝）

レーザーを用いてポリマーを溶融させた状態で高電
圧を印加してスピニングすることでナノファイバー
を得る方法。

レーザーカット

（laser cutting）（激光束切割）

レーザー光線を用いて裁断すること。

レーザー加熱延伸

（laser heated drawing）（激光加热拉伸）

熱源に放射熱を利用した延伸法であり，繊維断面内
を均一かつ急速に加熱できる。

レーザー接着法

（laser bonding）（激光粘附）

レーザーにより加熱して接着すること。

レーザー彫刻

（laser engraving）（激光雕刻）

ロータリースクリーンのラッカー彫刻法の1つ。

レーザー溶融静電紡糸

（laser melt electrospinning）（激光熔化静电纺丝）

レーザーエレクトロスピニングと同じ。

ら～わ

レース
(lace)（花边）
糸または紐を，撚り合わせ，編み合わせ，組み合わせなどによって，透し地として作られた布地の総称。手芸レースと機械レースに大別される。

レーヨン繊維
(rayon fiber)（人造纤维）
セルロース系再生繊維で，木材パルプを原料とし，紡糸原液であるビスコースを酸性凝固浴に押し出して作る。ビスコースレーヨンまたは普通レーヨンともいう。

レイリーリミテッド
(Rayleigh instability)（Rayleigh 不稳定）
ノズルからスプレーされたファイバーや微粒子が，静電反発によりさらに分散する現象。これによりナノオーダーのサイズになるのを助ける。

レギュラー・バーブ
(regular barb)（一般倒钩）
ニードルパンチ機に使う針の，最も一般的なバーブのタイプ。

レジリエンス
(resilience)（回弹性，能量从压缩恢复的程度）
圧縮仕事弾性度のことで，圧縮からのエネルギー回復の程度を示す。

レジンボンド
(resin bond)（树脂结合）
ウェブ中の繊維どうしを，接着剤を用いて接着すること。ケミカルボンド（chemical bond）ともいう。

冷　圧

（cold calendering）（冷圧）

常温で行うカレンダー掛けのこと。

冷却シリンダー

（cooling can）（冷却缸）

乾燥または熱処理の後，加熱された被処理物を急冷するためのシリンダー。

冷染法

（cold vat dyeing）（冷瓮染色）

セルロース系繊維を，低い染色温度（20～30℃）でバット染料を用いて染色する方法。

劣　化

（degradation, deterioration）（老化）

性能・品質などが低下して，前より劣ってくること。

連続重合直接紡糸

（continuous polymerization and direct spinning）（连续聚合直接纺丝）

ポリマーをチップ状にせず，重合と紡糸を直結して連続的に行う方式。ナイロン66やポリエステルの一部，ポリウレタン繊維では一般的に行われている。

連続繊維

（filament）（连续纤维）

長繊維のことで，化学繊維は連続繊維の状態で製造される。

連続噴射方式

（continuous jet type）（连续喷射）

インクジェットプリントにおいて，ノズルからインクを連続的に噴出させる方式。インク室を加圧して超音波振動を与えてインクを噴射させる。

ら～わ

ろ

ロータリースリッター
(rotary slitter)（旋转分切机）
回転しながら，対象物を細長くスリットする機械。

ロータリープレス機
(rotary pressing machine)（旋转式压机）
芯地接着用の簡易プレス機。仮接着に用いる。

ロートフォーマー
(rotoformer)（圆网成形）
特殊構造のシリンダーを有し，強制脱水してウェブを形成する湿式のウェブ形成方式。

ローラーカード
(roller card)（罗拉梳理机）
比較的繊維長の大きい繊維に用いられるカード機。不織布の場合に一般的に用いられる。

ローラーコーティング
(roller coating)（辊涂）
ロールを用いて，布にコーティング剤を塗布する方法。

ローラー縮充機
(roller milling or roller fulling machine)（滚筒喂料机）
フェルト製造用の機械で，上下の圧縮ローラー間を通すことにより縮充させる機械。

ローラーニップ
(roller nip)（罗拉辊隙）
一対のローラー間の接触部（ニップ 参照）。

ローラープレス機

（roller pressing machine）（滚压机）

芯地接着用のプレス機。上下に配列されたヒーターの間に，芯地と布を重ねて通し，樹脂を加熱して柔らかくした後，出口のローラー間で加圧して接着する。

ロールクラウン

（roll crown）（辊凸度）

圧縮荷重を均等に分布させるために，ローラー被覆に付ける肉厚部。

ロックウール

（rock wool）（岩棉）

天然の岩石を主とする材料に石灰石を加え，これらを加熱溶融した後，吹き飛ばして繊維状にしたもの。主成分はシリカ，アルミナ，酸化マグネシウムであり，ガラスよりも硬い。

ロフト

（loft）（膨松）

布および繊維集合体の嵩高さ。

ロウ引き布

（waxed cloth）（打蜡防水布）

蝋や亜麻仁油に，乾燥剤や顔料，その他の添加剤を混合して布に塗布した防水材料。

ろ　過

（filtration）（过滤）

液体または気体に固体が混ざっている混合物を，無数の細かい孔に通して，孔よりも大きな固体の粒子を，液体または気体から分離する操作。

ろ過効率

(filtration efficiency)（过滤效率）

単位時間にフィルターに流入した懸濁物質あるいは浮遊物質の質量に対する，単位時間にフィルターで捕捉された懸濁物質あるいは浮遊物質の量の割合。

ろ過布

(filter cloth)（滤布）

物質を分離ろ過するために用いる布。フィルターとして用いる布。

ろ 紙

(filter paper)（滤纸）

液体をろ過する時に使用する紙，あるいは紙状のもの。

ろ過とは液体に混ざっている混合物を分離することであり，ろ紙にあいている非常に細かい穴によってろ過される。

老 成

(storage aging)（老成）

アルカリセルロースの重合度を一定温度で時間をかけて低下させ，紡糸に適するような状態にすること。

わ

ワーカー

(worker)（开松辊）

カード機のシリンダーに接して設置されている，集合した繊維を分散解舒するローラー。

ワインダー

(winding machine)（卷绕机）

糸，布を巻き取る機械。

ワイパー

（wiper）（刮水器）

拭き取るものの総称。物体の表面に付着している汚れや不純物を除去するために用いる布。ふきん，ワイプス（wipes）あるいはワイピングクロス（wiping cloth）ともいう。

ワイパーには，①吸水性に優れていること，②拭き取り性の良いこと，③汚れ落ち性の良いこと，④毛羽や脱落繊維の少ないこと，⑤風合いが良く嵩高性のあること，⑥衛生的であることなどが要求される（工業用ワイパー　参照）。

ワイパー類の分類

注）①ドライ的使用とは，製品本来が乾燥状態のものであり（消費者がウェットにして使用するものも含む），本来の特徴は吸い取る作業が主で，清浄作用も高いものである。
②ウェット的使用とは，あらかじめ製品が湿潤状態にされたものであり，主に清浄作用を目的としている。

［出典：不織布の製造と応用，p.129，シーエムシー（2000）］

ワイヤーバーニッシング

（wire burnishing）（钢丝磨，用滚针擦亮）

針布の変形を直したり，針の溝や針布間の夾雑物を除去する時に，針ローラーを用いて磨くこと。

ワディング

（wadding）（棉花胎）

詰め物，繊維のシートやラップを指す。

ら〜わ

ワンステップ紡糸

（one-step spinning）（一步纺纱）

溶融紡糸において，紡糸と延伸を直結したスピンドロー方式や延伸工程を必要としない超高速紡糸法などを指す。

和　紙

（japanese paper）（日本纸）

洋紙に対する言葉で，楮（こうぞ），三椏（みつまた），雁皮（がんぴ）などの靭皮繊維を原料とし，ねり（植物性の粘液）を用いて手漉きによって製造するが，最近では機械漉きが多い。

割り布 （ワリフ）

（fibrillated-film nonwovens）（原纤化膜非织造物，是聚烯烃纤维通过正交叠层制成的无纺布）

スプリットファイバーウェブを，縦横に積層して作った不織布。

ら～わ

——引用・参考文献——

- 日本工業規格；JIS L 0222：2001「不織布用語」
- 繊維学会（編）；繊維便覧（第2版），丸善（1994）
- 西川文子良，日向明，土谷英夫，矢井田修（編）；不織布の基礎知識（第14版），日本不織布協会（2018）
- 日本繊維機械学会不織布研究会（編）；不織布の基礎と応用，日本繊維機械学会（1993）
- これからの自動車とテキスタイル，繊維社（2004）
- 新繊維用語辞典編集委員会（編）；新繊維用語辞典，日本繊維機械学会（1975）
- 池永彰作，岡野志郎，柏崎盂，北田總雄，鈴木国夫（編）；現代ファブリック事典，相川書房（1981）
- 三浦嘉人；不織布要論，高分子刊行会（1975）
- 繊維総合辞典編集委員会（編）；繊維総合辞典，繊研新聞社（2002）
- 中村耀；繊維用語小事典，東洋経済新聞社（1977）
- The Nonwovens Handbook (ed.: Bernard M. Lichstein), Association of the Nonwoven Fabrics Industry (1988)
- 白樫侃，三浦嘉人，他；不織布，日刊工業新聞社（1965）
- W. Albrecht, H. Fuchs and W. Kittelmann；Nonwoven Fabrics, WILEY-VCH（2003）
- 機能性不織布の最新技術，シーエムシー（1997）
- 日向明（監修）；機能性不織布の新展開，シーエムシー出版（2004）
- M&J社のカタログ
- Dan-Web社のカタログ
- 日本繊維機械学会不織布研究会例会 技術資料（1994）
- 不織布の製造と応用，シーエムシー（2000）
- 単層CNT融合新材料研究開発機構 技術資料
- Nonwoven Textiles, Carolina Academic Press（1998）
- Future Textiles, 繊維社（2006）
- 合繊長繊維ハンドブック（改訂版），日本化学繊維協会 合繊長繊維不織布専門委員会
- 機能性不織布の最新技術，東レリサーチセンター（2001）
- 八木健吉；新しい扉を拓くナノファイバー ―進化するナノファイバー最前線，繊維社（2017）
- 本宮達也；図解 よくわかるナノファイバー，日刊工業新聞社（2006）
- 山下義裕；エレクトロスピニング最前線―ナノファイバー創製への挑戦，繊維社（2007）
- 川口武行（監修），谷岡明彦，山下義裕ら；ナノファイバー実用化技術と用途展開の最前線（新材料・新素材シリーズ），シーエ

ムシー出版（2012）

（雑誌）
・繊維科学
・ポリフィル
・生活造形
・繊維製品消費科学
・Textile Research Journal
・加工技術

これだけは知っておきたい

不織布・ナノファイバー用語集

第 1 版　2018 年 6 月 5 日発行

著　　　者／矢井田　　修
　　　　　　山　下　義　裕

発　行　所／株式会社　繊　維　社 企画出版
　　　　　　〒541-0056　大阪市中央区久太郎町1-9-29
　　　　　　　　　　　　　　　　　　（東本町ビル）
　　　　　　電　　　　話　06-6251-3973
　　　　　　ファクシミリ　06-6263-1899
　　　　　　E-mail：info@sen-i.co.jp
　　　　　　https://www.sen-i.co.jp
　　　　　　振替：00980-6-21281

印刷・製本所／尼崎印刷株式会社

禁無断転載・複製　　　　　　　　　　　Printed in Japan
© Osamu YAIDA & Yoshihiro YAMASHITA　ISBN978-4-908111-12-9

業界待望の入門書!!

基礎から最先端までを網羅した必携書2冊をご活用ください

座右の名著を今すぐご活用ください!!

JTCCの繊維技術士15名が伝承した「せんい」のバイブル

繊維学会誌連載講座を書籍化

繊維産業の全工程 川上-川中-川下を1冊に集大成

- 監 修：一般社団法人 繊 維 学 会
- 編 集：一般社団法人 日本繊維技術士センター (JTCC)
- 体 裁：A5判 428ページ カバー巻き
- 定 価：**本体3,000円** ＋ 税

「ナノファイバー」の 今を知り、未来を創る!

ナノファイバーの"革新"に迫る最先端技術

●新繊維ビジョンによるニューフロンティア市場への期待 ●フィラメント技術によるナノファイバー ●不織布技術によるナノファイバー ●解繊技術によるナノファイバー ●微生物産生・繊維状カーボン・繊維状金属など自己成長性のナノファイバー ●ナノファイバーの用途展開（フィルター、マスク、ワイパー、オムツ、透湿防水性テキスタイル、電池材料、エレクトロニクス材料、複合材料、メディカル材料など） ●ナノファイバーの今後の展望……など、豊富な事例・初公開の貴重な資料とともにナノファイバーの基礎から応用までの最先端を網羅！

- 著 者：八木 健吉
  (元 東レ㈱、一般社団法人 日本繊維技術士センター 副理事長)
- 体 裁：A5判 200ページ カバー巻き
- 定 価：**本体2,500円** ＋ 税

● 発行： お申し込みは――HP／E-mail／電話で

株式会社 繊維社 企画出版
〒541-0056
大阪市中央区久太郎町1−9−29（東本町ビル5F）
Tel. (06) 6251-3973　　Fax. (06) 6263-1899
E-mail：info@sen-i.co.jp　https：//www.sen-i.co.jp

繊維技術データベース開始しました
全商品リスト123点に拡充！
入門・教育用に、新商品・新技術開発にご活用ください

繊維社発行　好評図書案内

最新テキスタイル工学 I / II

I：繊維製品の心地を数値化するために
II：繊維製品に用いられている糸，布とは

著・編：西松 豊典
（信州大学 繊維学部 教授）

◆ A5判 カバー巻き　（I：220ページ、II：320ページ）
◆ 定価 I：2,500円（税別）、II：3,000円（税別）〒各200円

本書は全2巻から構成されており、I は繊維製品を使用している時の「快適性（心地）」を数値化するために必要な手法（官能検査方法や計測・評価方法など）、また II は繊維原料や糸、布を作るために必要な紡績工学・製布工学、染色加工・機能加工、衣服の設計・生産方法、洗濯による効果で構成。本書全2巻で「快適な繊維製品」を繊維材料より設計できる入門書!!

溶融紡糸の原点
― 「Nylon」新紡糸技術の誕生と足跡 ―

著者：小野 輝道
（元 東レ㈱ 専務取締役 技術センター所長）

◆ A5判 160ページ カバー巻き
◆ 定価 3,000円（税別）〒200円

繊維学会誌連載記事を書籍化。永年、ナイロン6の開発に携わった経験と製造現場を隅から隅まで知り尽くした著者が、溶融紡糸による繊維製造技術開発の歴史を種材料から、原特許の図面や豊富な写真資料とともに技術の細部を記述。溶融紡糸技術に携わる技術者や、合成繊維の開発・工業化という歴史的偉業の経緯に関心がある方々にとっても座右の名著!!

繊維染色加工に関わる技術の伝承と進展
― 羊毛・絹繊維に関する技術 ―

編集：独立行政法人 日本学術振興会
繊維・高分子機能加工第120委員会

◆ A4判 300ページ
◆ 定価 2,500円（税別）〒400円

学振120委員会編集による繊維染色加工に関わる技術を集大成した4部作の第4弾。羊毛・絹繊維に関する権威者、ならびに尾州産地染色加工権威技術者が、永年にわたり培ってきたノウハウを一挙に書き下ろし。図表・写真も豊富に、尾州産地の毛織物染色加工の歴史変遷、全織維にわたる羊毛繊維の構造上の特徴・特異な染色方法、絹繊維の特徴・染色加工・魅力など、羊毛・絹繊維染色加工技術伝承のバイブル!!

繊維染色加工に関わる技術の伝承と進展
― 合成繊維に関する技術 ―

編集：独立行政法人 日本学術振興会
繊維・高分子機能加工第120委員会

◆ A5判 180ページ
◆ 定価 3,000円（税別）〒200円

学振120委員会編集による繊維染色加工に関わる技術を集大成した4部作の第3弾。染色加工現場のノウハウを培った大手染色メーカーの技術者と学術研究者が、染色加工の基礎から応用までをわかりやすく解説。合成繊維の染色加工の原理、ポリエステル長繊維織物の前処理工程／染色、アセテートの染色加工、ポリエステル繊維の機能加工、合成繊維と染色加工機械の歴史背景、仕上加工用機械などを編集。合成繊維染色加工技術の必携書!!

羊毛の構造と物性

編集：日本羊毛産業協会

◆ B5判 220ページ 上製本
◆ 定価 5,000円（税別）〒400円

日本を代表する羊毛技術者執筆陣が羊毛科学の基礎から応用までを世界で初めて集大成!羊毛に関する広範な知識を提供する第一部の基礎編、今後の研究・技術開発にも役立つ内容を掘り下げた第二部の応用編。羊毛工業発展のみならず、羊毛技術者にも欠かせぬ名著!全織維およびファッション・流通・検査機関・化粧品業界に携わる方々や、大学・研究者の必携の書!!

【増補改訂版】
ケラチン繊維の力学的性質を制御する
階層構造の科学

編集：繊維応用技術研究会
著者：新井 幸三
（KRA羊毛研究所 所長）

◆ A5判 210ページ カバー巻き
◆ 定価 3,000円（税別）〒200円

ケラチンコルテックスを構成するミクロフィブリルやマトリックスのジスルフィド結合による架橋構造に関する一連の研究をもとに、毛髪や羊毛繊維などケラチン繊維の力学物性と階層構造との関係を議論した画期的な内容。ケラチンタンパク質分子、階層構造のもととなるキューティクルやコルテックスなど詳述。増補改訂版では、著者の「未来への夢」「ワンステップパーマへの夢」を加筆し、パーマ機構の一端を明らかにした!

【第4版】
「染色」って何？
― やさしい染色の化学 ―

編集：繊維応用技術研究会
著者：上甲 恭平
（椙山女学園大学 生活科学部 教授）

◆ A5判 120ページ カバー巻き
◆ 定価 2,000円（税別）〒200円

繊維応用技術研究会 技術シリーズ第1弾！"染浴中の染料が繊維内部に拡散吸着する"過程を細かく分け、染色現象における"水""染料""繊維"の3つの役割を、物理化学的な論述ではないやさしい言葉で解説。染色現場に携わる技術者をはじめ、関連業界・学術関係の入門テキストとして最適!!

炭素繊維
複合化時代への挑戦
― 炭素繊維複合材料の入門〜
先端産業部材への応用 ―

著者：井塚 淑夫
（一般社団法人 日本繊維技術士センター）

◆ A5判 160ページ カバー巻き
◆ 定価 3,000円（税別）〒200円

最近話題となっている複合材料やコンポジットの中で、"軽量""強い""硬い"など多くの優れた特性をもち、先端複合材料として用途展開が急速に拡大している炭素繊維複合材料にフォーカス。市場動向や用いられる樹脂・中間基材、特性、設計技術、試験法、用途など、基礎から応用までの第一歩!!

● お申し込みは ― 電話／ HP ／ E-mail で!!　https://www.sen-i.co.jp

新企画

繊維技術データベース

全商品リストを拡充!!

入門・教育用に
新商品・新技術開発に

迅速・安価な繊維技術データベースを
ご活用ください。

月刊「加工技術」誌をはじめ、繊維関連専門書の
「繊維技術データベース」が今すぐダウンロードできます。
(検索機能付き)

日本語: https://www.sen-i.co.jp
英　語: https://www.fiber-japan.com

詳細はこちらから

お申し込み方法が
簡単になりました

後払い可になりました。見積書・納品書・請求書が必要な方はお申し出ください。

SS 株式会社 繊 維 社 企画出版
SEN-I SHA CO., LTD. Higashi-Honmachi Bldg., 9-29, Kyutaro-machi 1-chome, Chuo-ku, Osaka, 541-0056, JAPA

〒541-0056　大阪市中央区久太郎町1-9-29(東本町ビル5F
Tel.(06)6251-3973　Fax.(06)6263-189
E-mail:info@sen-i.co.jp　https://www.sen-i.co.jp